LA SERVIDUMBRE DE LOS PROTOCOLOS

LA SERVIDUMBRE DE LOS PROTOCOLOS

Ingrid Guardiola

Traducción de Cristina Zelich

ARCADIA

Primera edición: mayo de 2025
Título original: *La servitud dels protocols*

© 2025, Ingrid Guardiola Sánchez, por el texto
© 2025, Cristina Zelich Martínez, por la traducción
© 2025, Joan Fontcuberta / VEGAP, por la imagen de la faja
Burbujas neurales / Esferas algorítmicas II (2024)
© 2025, ATMARCADIA, SL, por esta edición
Muntaner, 3 1.º 1.ª
08011 – Barcelona
www.arcadia-editorial.com

Diseño de la cubierta: Víctor García Tur,
    a partir del diseño original de Astrid Stavro/Atlas
Revisión lingüística: Rosa Julve
Corrección de pruebas: David Fontanals
Composición: LolaBooks
Impresión: Romanyà Valls

ISBN: 978-84-128766-5-9
DL: B-5473-2025

El contenido de cada nuevo protocolo es, siempre, otro protocolo.

MARSHALL MCLUHAN

Angel, don't take those sleeping pills, you don't need them.

SUEDE

Urge interrumpir la fascinación.

Manifiesto *Soy Cámara*

INTRODUCCIÓN

Nacen mitos nuevos a cada paso que damos.
[...] Cada día se modifica el sentimiento moderno de la existencia. Una mitología se anuda
y se desanuda.

HENRI LEFEBVRE,
Critique de la vie quotidienne

Desde que nacemos, hasta que morimos, toda nuestra vida está regida por protocolos. El protocolo define un sistema determinado de reglas y comportamientos en ceremonias oficiales, acuerdos, tratados diplomáticos o en algunas convenciones sociales. También puede hacer referencia al plano de la actuación para abordar una determinada enfermedad, tal como vimos con el COVID-19, cuando la palabra «protocolo» se popularizó. Se trata de una pauta informática que permite que dos máquinas se comuniquen entre sí, o de una pauta humana, que hace posible que un humano se comunique con otro humano a través de un dispositivo o de un acuerdo. Hoy en día, el protocolo informático es indisociable de los acontecimientos globales. El protocolo, en nombre del bien general, se expresa a través de las teorías gerenciales o de gestión pública; a través de la tecnología de la información y la comunicación, y de todo un sistema de órdenes –prescripciones y prohibiciones– que dan forma al cuerpo social. Los protocolos apelan a la materia que modulan, pero, sobre todo, a los procedimientos a los que obligan, de tal manera que algunas convenciones, las normas y los protocolos comparten una parte de sus características, sobre todo aquellas que tienen que ver con la rigidez, con la constricción de los comportamientos –las pautas de conducta bajo la forma de modelos–, con el funcionalismo y el orden social. Los procedimientos protocolarios establecen una secuencia inalterable de la relación entre las acciones, las cosas y los individuos. Si el orden cambia, el protocolo queda invalidado y o bien desaparece, o bien es sustituido por otro protocolo.

Los protocolos no son rituales, pero pueden acabar adquiriendo la dimensión simbólica y cultural propia de los rituales; pueden adoptar un carácter sociocultural tal como vemos en las convenciones, o constituir una obligación, tener un carácter normativo. El protocolo subordina la psicología a la tecnosociología;[1] hace de la sociedad y de sus implicaciones tecnológicas un ámbito prioritario, muy por encima del valor que tienen el sujeto o las comunidades, los cuales acaban adquiriendo un papel secundario y solo se toman en serio cuando se insieren en el relato tecnológico. A pesar de que en casos de emergencia o catástrofe los protocolos sean imprescindibles para la superación de la situación, la rigidez de sus estructuras puede conducir

---

1. En este ensayo no separamos la sociedad de la tecnología objetual, pero tampoco de la tecnología conceptual, es decir, aquella que opera a través de modelos. Las relaciones entre la tecnología objetual (objetos) y la tecnología conceptual (conceptos) pueden engendrar no solo nuevas formas de relaciones individuales y sociales, sino también nuevos mitos. Hablar de «tecnosociedad» implica reforzar este carácter tecnológico de nuestra sociedad.

a unas configuraciones psicopatológicas que den lugar a modelos sociales débiles, muy jerárquicos, donde la soberanía popular quede diluida. Cuando hablamos de psicopatología, en este contexto, nos referimos a la manifestación de conductas enfermizas, desencadenadas por el sufrimiento psíquico producido por el contexto socioeconómico.

La situación actual de dependencia económica y psicoafectiva en el entorno tecnológico facilita la proliferación de protocolos que conducen a los individuos hacia nuevas formas de servidumbre involuntaria y de alienación vital, fruto de lo que Gilles Deleuze denominaba, en los años noventa, «modulación universal», es decir, de los mecanismos de control social basados en los infoestímulos y los *softwares* tecnológicos.

Este es un ensayo que parte de la pregunta sobre qué consecuencias tiene el hecho de automatizar cada vez más todas nuestras decisiones, relaciones, intercambios semióticos o nuestros afectos a través de los dispositivos tecnológicos, pero también de la maquinaria administrativacultural que fomenta la rivalidad social, el rendimiento extremo y las dependencias de la tecnología y sus aplicaciones. ¿Qué consecuencias tiene el hecho de vivir entre protocolos? ¿Hay alguna moral detrás de ello? ¿Qué lugar ocupa en la «deserción libidinal» generalizada en la que ya no nos preocupa dejar de desear? Pero el libro va más allá de la descripción de los mecanismos de control, de la amnesia cultural o de la inhibición del deseo. McLuhan señalaba que, cuando lo que es secuencial se sustituye por lo que es simultáneo, la capacidad de elaboración crítica se cambia por la capacidad de elaboración mitológica. En este sentido, nos preguntamos cuáles son los mitos y relatos a partir de los cuales se erigen los protocolos actuales y sus modelos sociales.

Fue en 1934 cuando se publicaron textos fundamentales como *La obra de arte en la época de su reproductibilidad técnica*, de Walter Benjamin, *Elogio de la mano*, de Henri Focillon, «Les Techniques du corps» [Las técnicas del cuerpo], de Marcel Mauss, y *El hombre y la cultura*, de Ruth Benedict. Su simultaneidad no es anecdótica. Benedict viene a decirnos que cualquier humano mira el mundo interpretado por un conjunto de costumbres, instituciones, herramientas y maneras de pensar. Ella misma cita un proverbio de los indios Digger que dice que «en un principio, Dios dio a la gente una taza de barro y, en dicha taza, la gente bebía su vida». Según Benedict, la taza de los Digger se rompió, ya que todo aquello que había dado significado a su existencia se desvaneció: los rituales domésticos de comer, las obligaciones del sistema económico, las ceremonias del pueblo, la danza del oso, sus estándares del bien y del mal... Y con esta pérdida, lo que se había disipado era la forma y el sentido de sus vidas. Los ritos y las costumbres dialogan con el presente, pero los protocolos y las herramientas que los ejecutan, lo que hacen, precisamente, es eclipsar o transformar una manera de ver y comunicarse con el mundo, y los significados que de ello se derivan, para imponer sus propios procedimientos y dinámicas que se disfrazan de nuevos rituales y nuevos mitos.

Los protocolos no deben tomarse solo como un medio para estratificar, modular y administrar la sociedad; no solo como una herramienta de comunicación entre máquinas o entre máquinas e individuos, sino también como un concepto y una herramienta política de una importancia fundamental, un espacio generador de significado, de relato y de poder. ¿Cuál es la forma de estos protocolos y cuál es este nuevo escenario que crean los protocolos? La servidumbre de los protocolos aborda la relación entre la tecnología y el cuerpo, entre los gestos y los lenguajes con los que nos expresamos como individuos y como masa; pero, al mismo tiempo, habla de la necesidad de volver a desear.

Este ensayo dialoga con el *Discurso de la servidumbre voluntaria* (1576), de Étienne de La Boétie; *El mito de la máquina* (1967), de Lewis Mumford; *El medio es el masaje* (1967), de Marshall McLuhan; los estudios sobre tecnología y género de Judy Wajcman; las *Mitologías* (1957), de Roland Barthes; las alegorías premonitorias de Franz Kafka; *Protocol* (2004), de Alexander Galloway; la antropología de Marcel Mauss; el análisis cultural sobre las masas de Elias Canetti, Walter Lippmann, Siegfried Kracauer y Franco *Bifo* Berardi; las teorías de los afectos y de los efectos de Herbert Marcuse (*Eros y civilización*), Mark Fisher (*Realismo capitalista*), Gilles Deleuze y Félix Guattari (*El Anti-Edipo: capitalismo y esquizofrenia*), Laurent de Sutter (*Narcocapitalismo: para acabar con la sociedad de la anestesia*), y Shoshana Zuboff (*La era del capitalismo de vigilancia*); las advertencias de Vilém Flusser y Bruno Latour, y las consideraciones sobre el tiempo de Reinhart Koselleck y Svetlana Boym.

La primera parte del libro, «La máquina integrada y la esfera pública», se centra en cuestiones vinculadas con la esfera pública, con el contrato social que crean los protocolos informáticos y políticos: la creación de las multitudes conectadas (capítulo 1), la incidencia de la tecnología digital conectada en los cambios en la opinión pública (capítulo 2), el rol de los protocolos burocráticos en nombre de la eficiencia y la excepcionalidad social (capítulo 3) y la relación entre los protocolos tecnológicos, las inteligencias artificiales y el trabajo (capítulo 4).

En la segunda parte, «La sociedad del cerebro», pasamos del punto de vista del contexto social a analizar en qué modo los protocolos tecnosociales, sobre todo aquellos que tienen que ver con la tecnología digital conectada, crean una psicoesfera basada en un realismo de datos y afectan al individuo en diferentes planos: en la percepción y experiencia temporal (capítulo 1), en la traslación de la manera de vivir el espacio y su relación con los entornos inmersivos –categoría del «dentro»– (capítulo 2), en el lugar que ocupa el rostro en el ámbito afectivo y social (capítulo 3), en los cambios en la relación con el deseo y el erotismo (capítulo 4), en la modificación de valores sociales que promueven las plataformas sociales (abundancia, competitividad, autocontrol…) y la relación con el individuo (capítulo 5), y en la instrumentalización del cerebro como espacio privilegiado que el mercado utiliza para expropiarle su valor, su energía, y asegurar el futuro del capitalismo (capítulo 6). Finalmente, el epílogo propone nuevas formas de relación con las infraestructuras tecnológicas y con las identidades individuales y colectivas.

PRIMERA PARTE
LA MÁQUINA INTEGRADA Y LA ESFERA PÚBLICA

I

LA FÁBULA COMUNITARIA
Y LAS MEGAMASAS DIGITALES

> El medio es el masaje. No es posible comprensión alguna de un cambio social y cultural si no se conoce la manera en la que funcionan los medios.
>
> MARSHALL McLUHAN

EL CONTRATO SOCIAL

Hay protocolos que son de alcance mundial, otros que se aplican en un país, y unos cuantos que son exclusivos de una ciudad o de un servicio público local. Los protocolos no tienen que ver con el proyecto cultural de los Estados nación modernos basados en la democracia, sino con una fase nueva en la que el lazo entre la institución y el poder democrático empieza a diluirse; también tienen que ver con el hecho de que muchos problemas adquieren una escala planetaria, de manera que se hace difícil gestionarlos con las herramientas tradicionales. Los protocolos son instrumentos ejecutados por un amplio grupo de funcionarios, por asalariados o por terminales tecnológicas que funcionan como un modelo de régimen social en el que se separan aquellos que colaboran y los que no. En este sentido, es elocuente la película *La zona de interés* (2024), de Jonathan Glazer, sobre la figura de Rudolf Höss, el comandante del campo de concentración de Auschwitz responsable de la muerte de tres millones de judíos. El comandante cumplía las órdenes del Führer de la Solución Final. En la película se ve claramente la convivencia entre lo que Max Weber denominaba «poder carismático» (propio del fascismo, basado en el liderazgo unipersonal, en este caso representado por el Führer) y el «poder legal», es decir, el entramado burocrático que permitía ejecutar órdenes sin riesgo de error o renuncia. Si Primo Levi hablaba de la «zona gris» para referirse a la vida en los campos de exterminio nazi y cómo se obligaba a los judíos a contribuir a su propia destrucción, Glazer, por oposición, se fija en el otro lado del muro de Auschwitz, aquella «zona de interés» donde viven los verdugos. La película de Glazer se centra en los protocolos y en la máquina ejecutiva, en la satisfacción que nace del pensamiento funcionalista, en el horror frío, quirúrgico, dejando fuera de campo el dolor de las víctimas. Auschwitz fue, también, un experimento burocrático. El pionero del estudio de la tecnología, Vilém Flusser, escribió el artículo «Le vivant et l'artificiel» [Lo vivo y lo artificial] en 1984 (año en que se sitúa la distopía de George Orwell y dos después de *Blade Runner*). En el texto señalaba que había dos tendencias que estaban a punto de converger: la simulación artificial del comportamiento vivo en los objetos inanimados y la simulación de dicha simulación en los humanos para que este comportamiento pueda ser programable. Si bien, según Flusser, esta doble vía coincidente encuentra la inspiración en el mito de la creación y su particular versión del sujeto trascendente, el hecho que avala el rol del programador y de un programa que funciona solo, según él, es Auschwitz.

El contrato social de nuestros días se ha alejado de aquel que el filósofo Jean-Jacques Rousseau describía como voluntad general. *Del contrato social*, publicado en 1762, empieza con la famosa frase: «El hombre ha nacido libre y, a pesar de ello, en todas partes se encuentra encadenado». Rousseau apela a la capacidad humana de liberarse del yugo y de todas aquellas convenciones que subyugan al individuo. El modelo de libertad que propone tiene que ver con la liberación, pero también con la libertad entendida como un derecho universal. Si, como dice Rousseau, el orden social es sagrado, habría que preguntarse quién da forma a dicho orden, quién constituye la asamblea y cuáles son sus pactos y códigos éticos generales.

Los protocolos actuales, resumidos bajo la forma del cuerpo tecnoburocrático público y del cuerpo tecnosocial privado, concentrado en ámbitos como las plataformas tecnológicas, establecen un pacto social en el que el interés de los particulares prima sobre la voluntad general. La idea de individuo adquiere fuerza y se sitúa por delante de la noción de cuerpo social; el individuo es el que tiene que lidiar con el poder, con la burocracia, el que gestiona sus perfiles digitales para existir, el que opina y vota para poder volver a opinar desde sus perfiles, alimentados a diario. Pero las voluntades particulares, ¿a qué querer responden? ¿Qué o quién está detrás? Según Jason Stanley, ¿es necesario mirar quién está detrás de los líderes de opinión, qué empresas están interesadas en fomentar desigualdades y ciertos climas de opinión? ¿Quién está detrás de los protocolos?

Estas opiniones salen de la plaza digital hacia las urnas convertidas en una masa reactiva que vota como quien castiga. El malestar se cuece algorítmicamente. El enojo, la falta de perspectiva y la desconfianza social derivan de la propia socialización que se hace a través de las plataformas digitales, sobre todo en espacios como X, Facebook o YouTube. El contrato social clásico se muestra débil, ya sea por la rigidez de las estructuras de los protocolos, por la disputa de la opinión pública en el cuadrilátero digital, por la falta de esperanza en relación con las mejoras sociales, o por la suma de todos los factores, que conducen a un voto punitivo o a una tentativa suicida de probar nuevas formas políticas, aunque el precio que se debe pagar sea un gobierno antisocial o de ultraderecha.[2] Los modelos políticos de ultraderecha actuales desconfían del Estado, imponen las voluntades particulares y asocian el bienestar con una promesa de libertad individual que no podrá cumplirse nunca. Estas formas políticas atribuyen al Estado rasgos monárquicos: «El liberalismo fue creado para liberar a las personas de la opresión de los monarcas, en este caso el monarca es el Estado», proclama Javier Milei.

En los países donde los nuevos déspotas no acaparan todo el poder, lo acumula la burocracia institucional gracias al engranaje que la hace funcionar. La autoridad del castillo sin rey es tan pavorosa como lo son los nuevos líderes elegidos, a la desesperada, a través de las urnas. Según Elias Canetti, se necesita mucho valor para «enfrentarnos a las órdenes y hacer temblar su poder»; de ahí que, «si queremos ejercer algún control sobre ese poder, tendremos que mirar de hito en hito, y sin miedo, a la orden y encontrar los medios para extirparle el aguijón».

---

2. En 2017 sucedió en Estados Unidos con Donald Trump, en 2023 en Argentina con Milei, y en algunos países de Europa se replica el fenómeno con nombres como Meloni, Akesson, Orbán o Morawiecki, y se ha repetido en 2024 con las elecciones norteamericanas.

El protocolo es el aguijón del poder. Cuanto más asimilado tenemos el protocolo, menos margen hay para romper la cadena de órdenes y para rehacer el contrato social. El protocolo anula la conciencia de clase, uniformiza el tejido social y dificulta unas relaciones más informales como serían el mutualismo, la solidaridad o la creación de rituales de cohesión y cooperación sociales. Los protocolos no pueden ser ignorados porque rigen nuestro contexto tecnosocial. Dejarlos de lado solo nos hace más vulnerables a la picadura de su aguijón. Pero ¿cómo gestionar unas sociedades cada vez más densas a nivel demográfico y más complejas sin recurrir a los protocolos?

Los primeros usos de la palabra «protocolo» los hallamos en la Edad Media para definir un borrador de un manuscrito, en concreto, la primera página encolada que contiene notas sobre su contenido, una especie de índice. No es hasta finales del siglo XIX cuando se utiliza para designar una etiqueta diplomática, una fórmula o corsé social. En la película *El enigma de Gaspar Hauser* (1974), originalmente titulada *Jeder für sich und Gott gegen alle* [Cada cual a la suya y Dios contra todos], dirigida por Werner Herzog y situada a principios del siglo XIX, uno de los personajes es el escribano oficial que registra todo lo que sucede en torno a la figura de Hauser. La película acaba con la muerte del protagonista, descrita por aquel individuo, mientras le oímos decir: «¡Qué acta [*protokoll*] más magnífica!», y se escabulle hacia su casa. Este gesto de patetismo narrativo no es gratuito. Hauser, que había pasado dieciséis años encerrado, sin ningún contacto humano, representa, como describe una de las aristócratas alemanas de la película, «una auténtica criatura de la naturaleza», mientras que la aristocracia solo produce convenciones y representación, es decir, presencia en nombre de la transferencia de su registro histórico nobiliario. Necesitamos aventuras, autenticidad, de ahí la curiosidad que despierta en ellos aquella extraña figura. El personaje de Kaspar Hauser atenta contra todas esas convenciones, no admite protocolos históricos, administrativos o cotidianos. «¿Por qué todo me cuesta tanto? [...] Las gentes son como lobos para mí», dice Hauser en uno de los diálogos más emotivos de la película. La historia de Hauser quedó escrita en el texto *Kaspar Hauser. Beispiel eines Verbrechens am Seelenleben des Menschen* [Kaspar Hauser. Ejemplo de un crimen contra la vida interior del hombre], del jurista del siglo XIX Paul Johann Ansel von Feuerbach, que lo había acogido; fue Feuerbach, precisamente, quien introdujo la coerción física y psicológica del Estado como una función preventiva para evitar cualquier posible lesión jurídica.

Los protocolos no solo son instrucciones que acompañan una alarma social (como lo fue el protocolo sanitario ante la pandemia), sino también mecanismos normativos de coerción preventiva que sirven de filtro social. Son la retícula que diseña y da forma al cuerpo social y a sus posibles relaciones. Los protocolos no se elevan a rango de ley, ya que son normas y convenciones transitorias y, por lo tanto, intervienen sociológicamente sobre los rituales, las costumbres, las tradiciones y los estados de excepción. Históricamente los protocolos tenían una vertiente antropológica y cultural, pero, hoy en día, ¿qué queda de todo esto? Si bien, históricamente, los protocolos servían para el desarrollo de actos importantes, de ceremoniales (en el Antiguo Egipto, entre los babilonios –con el código de Hammurabi–, entre los romanos, para la realeza y la nobleza europea medieval o la corte de la Italia renacentista), podemos decir que en el siglo XIX sirven para desarrollar actos rutinarios, meros procesos de tramitación y administración social o situaciones de excepcionalidad. Según el académico Jorge J. Fernández, los protocolos surgen con la sociedad, en el momento en que un grupo de personas tienen que convivir y entenderse entre sí. El expresidente de la Generalitat de Catalunya Jordi Pujol definió el protocolo como «la plástica del poder» y dijo que no había que dudar en refinarlo y ejercerlo. Los protocolos son la plástica del poder político y social y la jaula de acero del poder burocrático y jurídico.

EL INDIVIDUO, LA MASA Y LA PIEL DEL MUNDO

> Y he aquí que ahora todo sube a la superficie.
>
> GILLES DELEUZE, *Lógica del sentido*

La sociedad es un conjunto de individuos que comparten objetivos, comportamientos, territorio y cultura. Lo que refuerza la conciencia colectiva y el principio de solidaridad del grupo es todo aquello que sus miembros tienen en común. Ahora bien, las dimensiones que adquiere una sociedad cuando está constituida por grandes masas de gente, con dinámicas muy diversas, y la manera abstracta con la que se gestiona la demografía a escala urbana promueven que se implanten unos modelos que no siempre representan a todos sus miembros: los compromisos sociales que se adoptan son una generalización. Por otro lado, el lazo comunitario también se pierde cuando quien define lo que una sociedad tiene en común es la economía de mercado o la industria cultural global.

A finales del siglo XIX e inicios del siglo XX se configuran diferentes tipos de masas: el obrero es el arquetipo que constituye las masas fordistas; el asalariado de ciudad y el pequeño comerciante configuran las masas urbanas; la nueva clase media forma la masa de consumidores y espectadores; y, finalmente, tendríamos que añadir la masa de turistas que surge en la segunda mitad del siglo XX y a comienzos del siglo XXI. La mirada alucinada del espectador comparte un mismo contexto con la mirada ejecutiva del asalariado, capaz de encarnar, a la vez, los dos extremos de una misma forma de distanciamiento de la realidad. Como escribe Siegfried Kracauer, en los años treinta aparece una nueva clase social de empleados técnicos, comerciales y burócratas que se diferencian de los obreros porque gozan de una oficina limpia y un sueldo a final de mes. Ya no producen mercaderías, sino que las distribuyen, gracias a las infraestructuras y a los nuevos medios de transporte, veloces y económicos. Las empresas familiares se convierten en cárteles y corporaciones. Tanto en *El ornamento de la masa* (1963) como en *Los empleados* (1930), Kracauer se fija en las Tiller Girls, las protagonistas de lo que sería una próspera industria del entretenimiento cada vez más global, que convierte el cuerpo de las mujeres en un solo cuerpo perfectamente desmigajado, calidoscópico, matemático –cosa que también vemos en las películas de Busby Berkeley de aquel momento–. Kracauer es hábil cuando compara las piernas desnudas de las chicas que bailan las coreografías corales con las manos de los trabajadores de las fábricas. Pero lo que diferencia –según Kracauer– la masa de los asalariados de la de los trabajadores proletarios es que los primeros son individuos sin hogares espirituales. El cálculo suple la responsabilidad y la comunidad y, según Kracauer, las pruebas de aptitudes psicotécnicas son tan abundantes que incluso intentan calcular las disposiciones del alma.

El siglo XXI encarna una nueva masa: la de los cuerpos vigorizados que ejercitan su resistencia física y energética a través del deporte. Son cuerpos que encontramos en las calles (ciclistas, corredores...), en los gimnasios, en TikTok o en los espacios domésticos. El espectador de las Tiller Girls ha abandonado la butaca y se ha convertido, él mismo, en parte de la coreografía gimnástica global. El primer gimnasio comercial se creó en 1940, y en menos de cien años la gimnasia se ha convertido en una práctica compartida por la mayoría de los ciudadanos de las economías capitalistas. La actividad física equilibra aquello que el trabajo estropea; la desafección de estar ocho o diez horas diarias realizando una tarea ajena a la propia voluntad se compensa con la segregación rápida de hormonas como la adrenalina, la serotonina o la dopamina que resulta de la práctica deportiva. No son pocas las noticias que vinculan el ejercicio físico con la mejora del estado de ánimo. Del mismo modo que funcionaba el mecanismo repetitivo de las Tiller Girls, los cuerpos vigorizados ejecutan la coreografía diaria con el objetivo neurológico y cultural de sentirse mejor. Aunque a veces pueda tener un carácter social, se trata, sobre todo, de una práctica individual. La piel del mundo también está formada por esta suma de pieles finas, adheridas al músculo, deshidratadas, relucientes, cansadas. El cuerpo bello es un cuerpo eficiente, enérgico, capaz de soportar la disciplina del trabajo porque convierte el ocio en una operación no menos disciplinaria sobre el propio cuerpo.

Lo que es interesante en el análisis de Kracauer es que se fija en las expresiones superficiales que forman parte de la naturaleza inconsciente de una época y, por lo tanto, proveen un acceso inmediato a la sustancia fundamental de las cosas.[3] Las expresiones superficiales de la cultura actual, allá donde se lucha para crear forma y significado, son inseparables de los aparatos técnicos, de la tecnoesfera. Situarse en la «piel del mundo» significa desplazarse a través de una gran superficie viva de aspecto ilimitado, inabarcable. Esta superficie es mediática (el periplo que va de las imágenes de la televisión a las de las plataformas digitales), pero también física (las cosas, los edificios, las piedras, los vegetales, el cuerpo del otro, los residuos...). Todas estas superficies forman un *continuum*. El nombre con el que designamos la acción de desplazarse por el espacio mediático cambió en los años ochenta, el televidente hacía *zapping*; en los noventa, los usuarios de internet se conectaban y saltaban de un lugar a otro a través de los hipervínculos; a principios de los 2000, los internautas navegaban; a partir de 2010, los nativos digitales colgaban y actualizaban información, pero desde 2015 también se desplazan por el *scroll* infinito de las aplicaciones. A pesar de la permanencia en el carácter superficial de la piel mediática, la estructura y, por lo tanto, la lógica del sentido de nuestro rol como espectadores han ido cambiando.

Gilles Deleuze, cuando en *Lógica del sentido* quiso hacer una «filosofía de las superficies», recordaba que el filósofo francés Émile Bréhier diferenciaba, entre los estoicos, dos planos: el del ser profundo y real, la fuerza; y el de los hechos, que se desarrollan en la superficie, y que constituyen una multiplicidad

---

3. Siegfried Kracauer, *Ornament der Masse* (1963); *Fotografía y otros ensayos. El ornamento de la masa I* y *Construcciones y perspectivas. El ornamento de la masa II*. Barcelona: Gedisa, 2008 y 2010.

inacabable de seres no corporales. Según Deleuze, vivimos una época en la que las profundidades han pasado a un segundo plano, como si hubiéramos transitado de la madriguera de *Alicia en el país de las maravillas* a la de *A través del espejo*, donde los hechos se buscan en la superficie, incluida la del lenguaje. Según Deleuze, en la obra de Carroll se llega al otro lado bordeando la envoltura. La pregunta es si la superficie mediático-cultural no ha perdido estos bordes, estas fronteras, el «otro lado», la membrana que Gilbert Simondon asociaba a aquello que está vivo. Otro interrogante que debemos plantearnos es qué pasa cuando dicha superficie ha perdido el carácter impersonal y preindividual que le atribuye Deleuze, y ha puesto el foco en la individualidad y en su carácter autosuficiente, dando lugar a las personalidades autoritarias de carácter político y a individuos que funcionan como máquinas de ejecución de calidad competencial, a menudo vinculadas al orden, las rutinas o los cuidados a uno mismo. Todos ellos buscan reforzar la frontera que los separa de los otros, su singularidad excluyente que hace que mientras ellos aparecen, los otros desaparezcan. Entonces, la superficie ya no es desplazamiento, «el producto de las acciones y pasiones de los cuerpos mezclados, [...] el lugar del sentido y la expresión»,[4] sino el espacio de culto a unos determinados cuerpos y a sus discursos.

Si las superficies nos llevan a los estados de las cosas, dichos estados acaban asociados a rituales que los transforman en símbolos, en lenguaje compartido. Marcel Mauss nos recuerda que,

---

4. Gilles Deleuze, *Logique du sens* (1969); *Lógica del sentido*. Barcelona: Paidós, 2005.

en una cierta época, la relevancia de las cuestiones técnicas era mínima y que la de las mágicas, máxima. Hoy en día, los elementos técnicos son multitud, mientras que podemos reconocer muy pocos elementos mágicos. O quizá el dilema resida en el hecho de que nos hemos vuelto incapaces de separar la magia respecto de la técnica. Laurent de Sutter, en *Magia. Una metafísica del vínculo social*, nos dice que el efecto se convierte en una garantía del poder mágico. Desde este punto de vista, se podría decir que los elementos técnicos adquieren carácter mágico a través de los efectos –económicos, sociales, neuroculturales– que producen y del poder que reproducen. Mauss distingue entre magia y religión, entendiendo que las prácticas religiosas siempre son oficiales y requieren un culto, y que los rituales mágicos son antirreligiosos, no normativos, irregulares. Mauss establece esta diferencia, pero en lugar de hacerlo a partir de la forma de los rituales, lo hace en base a las condiciones en las que se llevan a término. Entendido de este modo, el ritual se alejaría de los protocolos; las prácticas religiosas, en cambio, se acercarían, ya que las condiciones en que se realizan están pensadas para mantener un orden, una jerarquía, una gestión del poder público muy concreta.

Las costumbres sociales basadas en el consumo y la inercia, junto con el exceso de racionalización técnico-burocrática se distancian del carácter transfigurador de los rituales mágicos. Por ello, no resulta extraño que se produzca un doble fenómeno social: por un lado, una pulsión ansiosa por buscar relaciones superficiales, instaladas en la piel del mundo de las mercaderías de la cultura narcótica, sin zambullirse en las causas o en los contextos, navegando entre productos o servicios, como partes de un todo inorgánico que ni tiene fronteras ni parece tener límites, y que convierte este carácter ilimitado en su magnetismo y, seguramente, en alguna reminiscencia de un antiguo poder mágico; una magia que el mito de la abundancia del capitalismo de plataforma y la fascinación por el futuro de la inteligencia artificial han capitalizado. Amazon sería un paradigma de empresa que opera sacando partido de la piel del mundo entendida como el conjunto de mercaderías, físicas y virtuales, que circulan de forma masiva constantemente. El vértigo que provoca la abundante oferta solo puede calmarse si las relaciones no se desvían de la superficie. La segunda pulsión social es un cierto retorno popular, informal, a las prácticas esotéricas, a un irracionalismo cultural que intenta encontrar un punto de fuga en la asfixia espiritual provocada por el capitalismo global.

LAS MEGAMASAS DIGITALES Y LOS PROTOCOLOS

El siglo XXI también ha visto aparecer lo que denominamos las «megamasas digitales». A lo largo del siglo XX, el individuo aprendió a mirar a través de la distancia que imponía cada medio, los escaparates de las tiendas, las ventanas de los tranvías o de los ferrocarriles, las imágenes fotográficas... Una gran masa de ojos que observaba la vida desde la protección del cristal o de la pantalla. Unas miradas que se preguntaban dónde encontrar el poder mágico que se había desvanecido cuando se pasó de la comunidad a la sociedad. Marcel Mauss,[5] en los años

---

5. Marcel Mauss, *Sociologie et anthropologie* (1968); *Sociología y antropología*. Madrid: Tecnos, 1971.

veinte del siglo pasado, señalaba que el hombre, después de haberse considerado un dios, pobló el mundo de divinidades, poniéndolas a su lado a través de la adoración, del sacrificio y de la oración. En este sentido, puede decirse que la industria del espectáculo, gracias a su carácter performativo y multisensorial, a su aura técnica y a su fuerza propagandística, era el lugar idóneo para reactivar los rituales de adoración.

En 1978, en la película *In girum imus nocte et consumimur igni*, Guy Debord afirmaba que «en el espejo helado de la pantalla, los espectadores ahora no ven nada que evoque a los ciudadanos respetables de una democracia». Otros autores, como Marshall McLuhan, analizaban las ambivalencias de los nuevos medios de información y comunicación. En uno de sus textos de los años sesenta, ironizaba así: «Ven a mi oficina, le dijo el ordenador al especialista».[6] La sociedad de la información hace del mundo un contexto global, y la información genérica desplaza la comunicación de ámbito comunitario más específica, y da como resultado una población muy mal informada, pero muy bien entretenida. Las formas del trabajo y del ocio irían girando hacia una especie de *escape rooms* sin salidas a la vista, estructuras de flujo para economías de flujo y de macroescala, veinticuatro horas al día, siete días a la semana.[7] Lugares como Ikea o el *scroll* infinito de Instagram son la hipérbole de este nuevo contexto laberíntico en el que, como decía McLuhan, el medio es el masaje.

---

6. Marshall McLuhan y Quentin Fiore, *The Medium is the Massage* (1967); *El medio es el masaje*. Barcelona: Paidós, 1995.
7. Véase Jonathan Crary, *24/7: Late Capitalism and the Ends of Sleep* (2014); *24-7. El capitalismo al asalto del sueño*. Barcelona: Ariel, 2015.

La popularización de internet en la década de los noventa, en paralelo a la globalización económica, hizo aumentar a la vez estas relaciones laberínticas y abstractas. Fue el momento en el que se empezó a hablar de la necesidad de volver a lo comunitario; fueron los años en los que se hablaba de multiculturalismo y del artista como etnógrafo (como hicieron, entre otros, Hal Foster, Michael M. Ames o Dipti Desai). En el terreno de la tecnología, se puso el foco en la cultura participativa, con voces internacionales asociadas a la transformación social, como la de Lawrence Lessig, o más vinculadas a la economía liberal, como las de Kevin Kelly, Alvin Tofler, Pierre Lévy o Howard Rheingold. La internet de los años noventa era un espacio para hacer accesible un conocimiento distribuido que permitía a la gente que formaba parte de diferentes contextos poner en común necesidades y argumentos. Aquella manera de cultivar el territorio cultural desde el ámbito digital invitaba al desarrollo de comunidades en el marco de una estructura descentralizada de servidores, de nanomedios, según la terminología de los teóricos. La cultura *hacker* dialogaba con la teoría del actor-red de Bruno Latour, que ponía el acento en el hecho de que tanto sujetos como objetos, máquinas o discursos son actores de una misma cadena vital y semántica. Tim Berners-Lee, en 1990, hacía posible el protocolo http (la World Wide Web)[8] y daba luz verde a la internet que todavía hoy utilizamos. Berners-Lee hablaba de intercreatividad como aquel proceso de hacer cosas y resolver problemas conjuntamente en un ciberespacio que propiciaba compartir el conocimiento entre personas a través de

---

8. En este caso, el protocolo tuvo una aplicación favorable en la comunicación entre personas.

redes de cooperación recíproca. También ponía el acento en el hecho de que dicha intercreatividad no solo creaba una red tecnosocial en la que había datos involucrados, sino también una construcción colectiva del saber. Uno de los primeros nombres que el pionero de internet dio a la web fue «The Information Mine» [La mina de información], una nomenclatura que, de manera irónica, se adecua bastante a la deriva que ha tomado internet como yacimiento de minería de datos. En 1997, Pierre Lévy profetizaba la «inteligencia colectiva» y el vínculo social a través del aprendizaje recíproco en una arquitectura desterritorializada, a través de unos cuerpos angélicos virtuales que eran considerados una especie de emanaciones divinas. En 1992, Kevin Kelly hablaba del nuevo medio como de una mente colectiva que funcionaba como una colmena de abejas fuera de control, y entre 2005 y 2007 Howard Rheingold se refería a las «multitudes inteligentes». Pero el tiempo de la promesa es también el tiempo de los ilusionistas. Aquellos atajos comunicativos serían las futuras autopistas del conocimiento reducido a información, es decir, la semilla que hizo posible la construcción de kilómetros de infraestructuras mundiales para transferir ingentes paquetes de datos.

La internet del conocimiento se transformó rápidamente con el cambio de siglo, gracias a la aparición de Google (1998) y el giro hacia la economía digital. Fueron los años del nacimiento de las primeras redes sociales[9] y de la aparición de los teléfonos inteligentes (2007), es decir, con conexión a internet. Pero

9. Redes como Blogger (2000), Pinterest (2000), Google+ (2000-2019), Friendster (2002), LinkedIn (2003), Myspace (2004), Facebook (2004), YouTube (2005), Twitter (2006), Tumblr (2007), Spotify (2008) o WhatsApp (2009).

algunos teóricos ya entonces le vieron las orejas al lobo. Maurizio Lazzarato o Yann Moulier-Boutang empezaron a hablar de «capitalismo cognitivo» (2004) y Tiziana Terranova de *free labour* [trabajo gratuito] (2004) de los *knowledge workers* [trabajadores del conocimiento]. Dado que la extracción de valor se puso a operar en línea a través del negocio de la información digital, la articulación de las marcas y las empresas se alejaba premeditadamente de cualquier modelo o huella industrial en lo relativo a su promoción, a sus connotaciones en términos de impacto ecológico y también a su imaginario fordista. Fue la consumación, desde los departamentos de mercadotecnia, de lo que Octavi Comeron denominó «la fábrica transparente» (2006), la unión de la economía productiva, la cultura y la creatividad en el ámbito digital. Comeron tomó esta definición de la fábrica Volkswagen de Dresde, un edificio transparente en el que la producción estaba a la vista de todos y donde el carácter traslúcido del recinto dejaba contemplar una manufactura automatizada, tan estilizada como un *ballet* clásico. La fábrica se estetizaba, el método de producción se sublimaba ostentosamente y la cadena de producción parecía un laboratorio inmaculado. La transparencia del recinto, que permitía ver el engranaje de las máquinas semiautomatizadas, quería transmitir belleza y confianza, pero el muro que separaba el interior del exterior del edificio seguía firme.

Otros teóricos denunciaron el hecho de que la producción de valor a través de internet y la consiguiente explotación del capital digital generaba un nuevo proletariado; Tiziana Terranova los denominaba *netslaves* [esclavos de la red], Franco *Bifo* Berardi hablaba de «cognitariado» (2007), Guy Standing de «precariado» (2013) y Ursula Huws de «cibertariado» (2015).

En todos los casos, la disminución de capital y de bienes de la masa era directamente proporcional al aumento de la participación en las comunidades virtuales, muy concentradas en las plataformas o redes sociales. En 2005 apareció el Amazon Mechanical Turk, un mercado global que se basaba en la producción a demanda y que ofrecía mano de obra y servicios a precios muy bajos. Este fue uno de los primeros experimentos de seguimiento (*tracking*) de los trabajadores no fijos a partir de datos y protocolos informáticos, un procedimiento de rendimiento económico que, después, empresas como Glovo establecerían como una de las características del negocio. Si, de acuerdo con la ley, no se puede filmar a los trabajadores en el trabajo, la mejor manera de controlar al trabajador es hacerlo a través de aplicaciones de seguimiento, un recurso que vulnera su privacidad y su integridad física y moral, pero sin consecuencias penales para la empresa. El mercado digital ha facilitado el trabajo a demanda, la globalización comercial y la flexibilidad y evaluación del trabajador a partir de su seguimiento en línea. De esta manera, el teléfono del trabajador se convierte en un sustituto amable del vigilante.

Entre 2010 y 2020 se vivió una segunda edad de las redes sociales con la aparición de aplicaciones como Instagram (2010), Snapchat (2011), Twitch (2011), Tinder (2011), Telegram (2014), TikTok (2016) o BeReal (2020). También es la década de Airbnb (2008), Uber (2009), Glovo (2014) y el auge de Amazon o Netflix. La diferencia más importante es que todo son plataformas de datos reunidas en grandes grupos que se instalan dentro de la economía financiera operando en la bolsa. El disparo de salida fue cuando Facebook compró las aplicaciones WhatsApp e

Instagram en 2012 y dio el salto a Wall Street. Estas plataformas han creado las megamasas algorítmicas en las que el sujeto se halla inmerso en un aparente contexto de oferta desbordante y donde la demanda de signos está organizada desde arquitecturas algorítmicas de grandes bases de datos y prescriptores (*gamers*, *influencers*, políticos populistas, estrellas diversas). Se trata, en definitiva, de una inconmensurable masa producto de la datificación, que vive del efecto red, ya que el crecimiento exponencial de usuarios es lo que da valor a la aplicación. De este modo se hace efectivo el fenómeno descrito por Kracauer de las Tiller Girls y su rol en la industria del entretenimiento: la chica individual había dado paso a un clúster indisoluble e indisociable de cuerpos cuyo movimiento era una auténtica demostración de matemáticas y del sistema productivo capitalista, mientras que, a la vez, cada jovencita era convertida en una idea abstracta y en un ornamento de la masa. Kracauer es claro: «La comunidad y la personalidad mueren cuando lo que se pide es la contabilidad».

Mientras la crisis de 2008-2014 convocaba a la gente en las plazas para reivindicar, otra vez, la cultura comunitaria, la necesidad de nuevas institucionalidades y de una gobernanza compartida de base popular, internet se convirtió en un gran mercado de datos. Esta fue la manera de poder rentabilizar un espacio fluido como era la red y romper, poco a poco, la relación entre la soberanía popular, el espacio público, la tecnología y la práctica política. En 2013, académicos como Kenneth Cukier y Viktor Mayer-Schönberger empezaron a hablar de «datificación» en *Big Data. La revolución de los datos masivos*. El libro arranca con la pandemia del nuevo virus de la gripe A (H1N1/09) de 2009-2010. Ante la falta de vacunas, se puso el foco en la predicción. Una semana antes de aquella pandemia, unos ingenieros de Google publicaron un artículo en la revista *Nature* sobre cómo Google podía predecir la propagación de la gripe invernal en Estados Unidos gracias a la gestión de datos masivos. No quedó rastro público de esta hipótesis de rastreo multitudinario. Diez años más tarde, en 2020, la gestión de datos masivos sería una de las herramientas para vencer al COVID-19. Las infraestructuras tecnológicas y los *softwares* ya estaban a punto para llevarlo a la práctica, para transfigurar el cuerpo en una estadística, en un conjunto de datos rastreables, y los teléfonos móviles se convirtieron en las terminales tecnológicas que lo harían posible. El protocolo así lo confirmaba.

■

> El protocolo es para las sociedades de control lo que el panóptico para las sociedades disciplinarias.
>
> ALEX R. GALLOWAY, *Protocol*

Un protocolo informático es un conjunto de recomendaciones y normas que describen estándares técnicos específicos. Sirven para regular paquetes de información con el objetivo de que puedan ser enviados; codifican información para que una serie de documentos puedan ser analizados o bien para que diferentes aparatos puedan comunicarse entre sí. Los protocolos son, como dice el filósofo y profesor Alex R. Galloway, eminentemente formales, generan una forma técnica determinada para hacer fluctuar la información y la comunicación a través de la infraestructura de internet. Dichos estándares son aprobados por entidades como la Organización Internacional de Normalización, creada en 1987 para desarrollar, mantener, promover y facilitar los estándares relacionados con la tecnología de la información. A pesar de este intento constante de estandarización, en *Network Culture* (2004), Tiziana Terranova escribe que toda la historia de internet, desde Arpanet hasta la World Wide Web, pone en evidencia el problema de las divergencias e incompatibilidades entre *softwares*, aplicaciones o permisos. Los protocolos informáticos acaban formando una especie de palimpsesto en el que los protocolos que se van creando se insieren en los viejos sistemas para poder cohabitar en un marco común único.

En *Protocol* (2006), Alex R. Galloway relaciona los protocolos de internet con la gestión, la modulación y el control. Según él, la existencia del Transmission Control Protocol (TCP), que permite que aplicaciones y dispositivos informáticos intercambien mensajes a través de una red, la dirección IP (un número exclusivo de identificación de cada dispositivo), los Domain Name System (servidor que almacena información asociada a nombres de dominios), la conmutación de paquetes de información o la idea de flujo regular, son los ejemplos más claros de esta relación entre internet y el control. De hecho, el propio Tim Berners-Lee ya alertaba sobre la vulnerabilidad del sistema de Domain Name System. Galloway, inspirado por un breve texto de Deleuze de los años noventa, titulado «Post-scriptum sur les sociétés de contrôle», también analiza cómo las estructuras y políticas del control siguen a las de la descentralización. Dice Galloway: «Desde la perspectiva del protocolo, no hay biologías, ni tecnología, solo posibles interacciones entre "formas vitales" que a menudo toman una forma reguladora, gerencial y normativa». El autor parte de la distinción que hace Deleuze entre las tres principales clases de prácticas del poder:[10] la vinculada con la soberanía, la que lo está con la disciplina y, finalmente, la relacionada con el control y la comunicación. Así, tal como subraya Galloway, se han abandonado las sociedades soberanas de la era clásica que se basaban en el poder centralizado, y se ha girado hacia las sociedades de la era moderna que cambian la violencia por las formas burocráticas del mando y el control. Las sociedades del control se basan en la apertura y la gestión de la comunicación permanente e instantánea. De la misma manera, las máquinas han pasado de ser simples elementos de las sociedades soberanas a ser elementos energéticos en las sociedades disciplinarias, hasta llegar a los elementos cibernéticos de la sociedad del control en la que la energía que necesita el sistema es generada por los propios usuarios y expropiada del propio planeta. Siendo muy formal en esta periodización, es interesante la mención que Galloway hace del libro *Discourse Networks* (1985), de Friedrich A. Kittler, que habla de cómo, en la cultura, se ha pasado de un «reino del sentido», en el siglo XIX, que encarnaba la «voz del hombre» y se basaba en la comprensión y el significado, a un «reino de los patrones», a partir del siglo XX, fundado en las imágenes, los algoritmos y en un discurso producido por generadores combinatorios aleatorios (*random generators*) y en la «lógica del caos y de los intervalos».

La idea de una «sociedad del control» ha sido imaginada por muchos escritores y artistas que no se instalaban en el futuro y

10. Tanto Galloway como Deleuze no se olvidan de mencionar el precedente de todo esto: el estudio de Michel Foucault sobre el biopoder.

en la ciencia ficción, sino que partían de referentes de su propio tiempo. Uno de los primeros ejemplos fue el de Étienne de La Boétie, que, cuando escribió el *Discurso de la servidumbre voluntaria*, formuló la idea de una servidumbre generalizada marcada por el impacto de la represión brutal de la revuelta de la Gabela, en Guayana, en 1548. El texto, aunque fue escrito ese año desde la prisión, no se publicó hasta 1576, gracias a su amigo Michel de Montaigne. Cuatrocientos años después, Isaac Cronin y Terrel Seltzer, en la videocreación *Call it Sleep* (1982), hacen de ello una buena síntesis; una voz en *off* anuncia: «Las ciencias de la información del puro control. Todo el mundo es llamado a modelar su vida a partir de los patrones de la organización y el consumo organizados por el poder. Todo el mundo es animado a jugar el papel del burócrata y del científico en su propia casa. Y a ver su vida como una serie de procesos y procedimientos que lo amoldan al margen del buen juicio de los hombres y las mujeres. En este sentido, todos identifican su futuro como el futuro del poder». Dos años antes de la simbólica fecha de 1984,[11] Cronin y Selter desgranan las principales piezas de la sociedad del control. Por un lado, el título subraya el vínculo entre las ciencias de la información y la pérdida de voluntad. Pero más allá de esta pasividad, cuarenta años después, todo el mundo ha acabado emulando el rol del científico y del burócrata, priorizando los procedimientos al juicio propio, los datos técnicos y científicos a la experiencia. Somos el burócrata

11. George Orwell sitúa la novela distópica *1984* en aquel año, el mismo en el que un equipo liderado por el artista Nam June Paik hizo *Good Morning Mr. Orwell*, la primera transmisión de contenidos audiovisuales bidireccionales en directo a través de satélite.

que administra sus finanzas, las catástrofes, sus proyectos y las relaciones sexoafectivas; somos el científico que se equipa con métricas y estadísticas para afirmar la existencia de las cosas, la de los otros, y aferrarnos a ideas como el progreso, a pesar de que la experiencia directa del entorno nos permite ver cómo caducan algunas de estas ideas o se vuelven impracticables. El burócrata y el científico predican una fe suprema en las cifras. Fue Herbert Marcuse quien, en *El hombre unidimensional* (1964), se preguntaba sobre el anhelo de administración total que tenía la civilización occidental contemporánea. Hablaba de cómo la publicidad productiva, la propaganda y la política mistifican ciertas cuestiones, como por ejemplo el tratamiento científico de algunas noticias sobre asesinatos o radioactividad, entre otras. De esta manera –dice Marcuse– se promueve y se exige una conducta que acepta y normaliza la alienación.[12] Así mismo, las cifras acaban minando la opinión pública y todo su argumentario. La forma y el sentido que toma el mundo se debe a ellas. Cuando la explicación de los contextos se desploma, cuando la ética se empobrece, poner en valor la realidad a peso es una herramienta fácil, rápida, al alcance de todos, aunque casi no nos permita entender lo que ha pasado, ya que los argumentos vinculados con las causas o el contexto se anulan.

Un paradigma de esto fue la función tranquilizadora que hizo la curva de contagio del COVID-19; pero, al mismo tiempo, otras cifras bailaban en paralelo, como la del recuento de muertos. Cuando los datos se cruzan, las cifras pierden su claridad y unilateralidad discursiva. El científico y el burócrata no

---

12. Herbert Marcuse, *One-Dimensional Man* (1964); *El hombre unidimensional. Ensayo sobre la ideología de la sociedad industrial avanzada*. Barcelona: Ariel, 2005.

pueden juzgar las cifras, solo son medios públicos de transmisión de la razón tecnocientífica. Cuando la maquinaria es compleja, pesada, y el entorno proveedor de datos es cambiante, solo se pueden entrever, y con cierta dificultad, los efectos, pero casi nunca se adivina o se explica el propio contexto. A veces, en una sincronía salvaje, una causa se hace evidente, es comunicable, pero, por miedo al caos social, permanece recluida en el silencio de los despachos de las voces expertas.

EL CAPITALISMO DE PLATAFORMA Y LA FELICIDAD

Si la internet de los noventa utilizaba la comunidad para desarrollar procesos de intercreatividad y de inteligencia colectiva, actualmente, entre otras funciones sociales, se utiliza para entrenar a las inteligencias artificiales, facilitar la cultura de la predicción y nutrir un capitalismo de plataforma que ha generado su propia «cultura de plataforma». El «capitalismo de plataforma» se basa en plataformas digitales globales que funcionan como infraestructuras de extracción de datos.[13] No solo hablamos de Instagram, X, Facebook, YouTube, Google o TikTok, sino también de Amazon,[14] LinkedIn, Airbnb, Netflix, Uber,

---

13. Nick Srnicek, *Platform Capitalism* (2016); *Capitalismo de plataforma*. Buenos Aires: Caja Negra, 2018.

14. Amazon fue la empresa más beneficiada con el confinamiento y la pandemia. La iniciativa «Make Amazon Pay», formada por políticos internacionales, activistas por el clima y organizaciones laborales, está convirtiendo en propuesta de ley sus demandas contra el hombre más rico del mundo, Jeff Bezos, y su empresa, Amazon, que abusa de sus trabajadores, no paga impuestos en la mayoría de los países donde comercializa y atenta contra la libre competencia.

Tinder, o cualquier página que tenga como modelo de negocio la compra y venta de datos de los usuarios. Las empresas recurren al extractivismo digital, usan la información como recurso. Las fábricas de datos mantienen solo su epidermis a la vista, mientras que sus herramientas de extracción de capital (algoritmos, aprendizaje automático [*machine learning*], datos de comportamiento [*behavioural data*]...) son altamente opacas. Este es el carácter privado de la nueva esfera pública.

Las plataformas sociales antes eran redes que tenían la finalidad de crear esferas más amplias de contactos privados, una socialización más dinámica, y donde compartir aquello que animaba a los usuarios era más fácil, con el añadido de que la comunidad podía crearse a partir de relaciones menos previsibles y salir de los circuitos tradicionales de la familia, los vecinos o el entorno laboral. Pero, actualmente, investigadores como Alex Rosenblatt hablan de cómo la economía del intercambio (*sharing technology*) se ha convertido en una «máquina de populismo económico».[15] Así pues, no es de extrañar que actualmente estas empresas se ofrezcan no solo como espacios de comunicación, sino también como plataformas de servicios. Un ejemplo de esto es Blued, una red social gay china que incluye servicios de *streaming* monetizados, hilos de contenidos y de noticias, juegos, compras en línea o consultas sobre la gestación subrogada en el extranjero. Los *streamers*, o comunicadores en línea, son considerados activos corporativos, herramientas de extracción de flujos de datos.

Las plataformas se convierten en espacios organizados a partir de algoritmos en los que la visibilidad solo es posible

---

15. Alex Rosenblatt, *Uberland: How Are Algorithms Rewriting the Rules of Work*. Oakland: University of California Press, 2018.

pagando o generando información que tenga un impacto en la gente, sea positivo o negativo. Esto ya condiciona el tipo de información que se distribuye; tiene que incitar al usuario a clicar y compartir el contenido y, por lo tanto, la información tiene que estar vinculada a los temas del momento (*trending topics*), es decir, a las modas del entretenimiento, al escándalo, a las catástrofes o al sentimentalismo barato. Esta atracción hacia lo morboso no es nueva; solo hay que pensar que, en la Francia del siglo XVIII, cada año miles de personas pasaban por la *morgue*, el lugar donde se depositaban los cuerpos de los muertos para que fueran reconocidos por sus familiares. Pero si *morguer* significaba «mirar solemnemente», la manera de observar las catástrofes actualmente no tiene nada de solemne.

Muchos acuerdos de gran relevancia social se deciden en estas plataformas. Quizá sea el momento de preguntarnos cómo puede ser que hayamos delegado tanto poder en estos monopolios. Este desplazamiento hacia la esfera virtual coincide con una especie de empobrecimiento de los rituales sociales que tienen lugar en el espacio físico público, muy pensado desde una lógica urbanística basada en la movilidad (turística, comercial, laboral…) y la regulación extrema (prohibición, zonificación, privatización…).

El vínculo comunitario es imposible sin conocimiento compartido; dado que el tipo de «conocimiento» que difunden las plataformas sociales pertenece a un contexto de promoción masiva (*hype*), los vínculos que se generan son poco territoriales, porque tienen que ver con la agenda global. Se imponen los perfiles personales y los *timelines* como un espacio fragmentario de creación de circunstancias efímeras. Los referentes se homogeneizan y la gran mayoría recibe un conocimiento puntual y superficial, mientras que, en paralelo, conviven unas minorías expertas poco visibilizadas. Las ideas en formato *post* son apuntes que promueven pensamientos efímeros a la manera de eslóganes que desaparecen fácilmente.

Las interacciones producen datos invisibles (metadatos) y datos visibles bajo la forma del «me gusta» (*like*), los emoticonos, los comentarios o la redistribución del contenido a través de una tecnología que adquiere más poder cuanto más compartimos la información. De esta manera el vínculo social se ve alterado, ya que se configuran unos espacios virtuales en los que la métrica se impone; un espacio que hipoteca el valor comunitario en pro del infoestímulo y el marcador populista. Así pues, podríamos decir que las comunidades de las plataformas sociales se fundamentan en la atomización y la masificación: por un lado, los *timelines* de las interfaces son individuales, pero, por el otro, siempre están en relación con la reactividad de una masa que, para expresarse, tiene que puntuar y ser puntuable, evaluar y ser evaluable. El vínculo ya no lo dicta el afecto, sino que es el resultado de la oscilación anímica de las multitudes conectadas que, a la vez, se debe a la propia métrica como en un circuito cerrado. El perímetro externo de estas multitudes conectadas ya no está definido por la pertenencia a una ideología determinada, sino por la adhesión a unas *timelines* con su propia ideología. De hecho, incluso podríamos decir que las multitudes conectadas acaban adquiriendo un perímetro inmenso regido por una lógica dual y adversaria que hace que el individuo sienta que forma parte de uno de los dos bandos, el de los buenos o el de los malos, según el punto de vista que interprete el grupo.

El sociólogo Pablo de Marinis considera que el estado neoliberal ha debilitado una estructura social basada en el Estado y las comunidades tradicionales y ha dado paso al fortalecimiento de las «redes sociales informativas o comunidades postsociales». Quizá denominarlas «postsociales» sea demasiado tremendista, ya que estos grupos virtuales también desempeñan su función social, pero siempre vigilados por la empresa. Las comunidades están constituidas por agregaciones temporales en las que sus miembros pueden estar activa o pasivamente, hacer *ghosting* (producir una ruptura o interrupción de la comunicación sin dar ninguna explicación) o ser víctimas del *ghosting*, en cualquier momento. ¿Se pueden crear comunidades fuertes y estables en estas plataformas pensadas para las multitudes donde el *spam* (contenido basura), los algoritmos y la comunicación vinculada al compromiso social comparten el mismo espacio semántico y donde la vigilancia empresarial y el rol de los protocolos son permanentes?

■

Las plataformas sociales son un espacio de función pública, no solo por las interacciones sociales que se dan en ellas, sino por la herencia de algunos elementos históricos que Jürgen Habermas recoge en su famoso libro *Strukturwandel der Öffentlichkeit. Untersuchungen zu einer Kategorie der bürgerlichen Gesellschaft* [Historia y crítica de la opinión pública] (1962). Según el filósofo, la palabra «público» se registra en el siglo XVIII, pero se remonta a la polis de la Grecia clásica, que es el espacio público (*koiné*) donde los ciudadanos libres —no todos los son— ejercen su vida política o pública, la *bios politikos*. La ciudadanía, por lo tanto, se desarrolla en el ágora, pero solo forman parte de ella aquellos que están liberados del trabajo productivo, de manera que las decisiones públicas dependen del estatus social. Las plataformas sociales presentan una novedad, y es que constituyen un espacio productivo y reproductivo a la vez, un espacio de ocio, de política y de negocio, en el que esclavos y señores se mezclan –pero no mucho–. Las categorías, quizá porque todavía no tenemos suficiente distancia crítica, no parecen tan claras como en la época de la antigua Grecia. En estos lares, señores hay muy pocos; los patrocinadores bien asesorados y, sobre todo, la empresa propietaria.

En la Grecia clásica, según Habermas, la posición en la polis se basaba en el lugar que ocupaba el *oikodespota* (el padre de familia). Actualmente, la limitación de uso del espacio público está regulada por la clase política y su aparato burocrático, las ordenanzas de cada lugar. Ahí se inscribe el orden, lo que se puede hacer y lo que no está permitido. En el ágora digital son las propias empresas las que marcan los límites de lo que se puede publicar o compartir en ellas, aunque las plataformas sociales han sido importantísimas en diferentes momentos de revuelta popular en los últimos diez años y se han podido utilizar los medios más allá de la vigilancia y de sus usos previstos.

Lo que coincide en el espacio público medieval analizado por Habermas y en el espacio público de las plataformas sociales es que, si la publicidad representativa de aquella época histórica se basaba en mostrar los bienes y el estatus personal a través de insignias, como por ejemplo las condecoraciones o las armas, los hábitos, los gestos o la retórica, ahora el estatus social de las plataformas se basa en una actualización de todo aquello: las insignias son el número de *likes* y seguidores; los hábitos, la indumentaria cosmética adaptada a nuestro tiempo; los gestos son iteraciones y memes, y, en cuanto a la retórica (la función que las alocuciones o los discursos solemnes desempeñaban en la Edad Media), queda circunscrita al género confesional y a la elocuencia enfática y exclamativa (de indignación, odio, fascinación o celebración). Si Habermas en los años sesenta del siglo pasado hablaba de una refeudalización de la esfera pública a través de la gestión del espacio simbólico, ahora dicha refeudalización hace entrar en competición a señores y vasallos para ver quién ostenta el dominio del código. Lo que en la Edad Media era un simbolismo vinculado al comportamiento noble, hoy es un protocolo de adaptación a la vida *mainstream*. La ostentación es una declaración de intenciones y una pedalada para posicionarse algorítmicamente. Toda ornamentación vertida en estos espacios –lenguaje incluido– es un *trompe l'œil* de clase. Si, según Habermas, el noble representa y el burgués produce, podríamos decir que el ciudadano de las plataformas digitales produce representación, identidad, reconocimiento público, a través de sus opiniones o actuaciones.

La polis griega mostraba lo que Habermas denomina «la escenificación agonística de la *areté*» (*areté* entendida como 'virtud'), mientras que en las plataformas sociales vemos una escenificación agonística, teatral, performativa, que busca afianzar la pertenencia al grupo a través del reconocimiento público. O, siguiendo con Habermas: «El interés de clase es la base de la opinión pública». Los empresarios de las plataformas quieren enriquecerse, los influenciadores quieren seguidores, los políticos, votos y los usuarios, reconocimiento. La gente quiere ser aceptada, formar parte de alguna cosa, aunque ello implique una exhibición meticulosa y constante, la inversión de un tiempo –que no volverá– para que luzca la entrada a un templo (provisional) hecho por uno mismo.

A veces, en esta esfera pública, algunos buscan dinamitar el consenso con el objetivo de crear una identidad de líder opositor. No hay nada que asuste más al cuerpo pesado de la administración y la política pública que las malas formas, la mala educación, o que alguien saque sus trapos sucios a la luz. Pero, en cambio, nada ofende al propietario de la plataforma, porque la gestión del escándalo forma parte de su protocolo. Las plataformas tecnológicas operan como unos leviatanes neorrousseaunianos,[16] imponen la censura en nombre del buen hacer, utilizan el algoritmo para poner ante los ojos del ciudadano las cosas tal como son o, mejor dicho, tal como tienen que aparecer según las previsiones que hace la empresa.

Según Herbert Marcuse, la filosofía de la burguesía era un intento de comprender lo universal a través de la realización personal de individuos aislados que eran capaces de hacer uso de su razón. Y añade: «El progreso de la razón se realiza a sí mismo contra la felicidad de los individuos».[17] En *Eros y civilización* (1955) ya analizaba la herencia de la idea de felicidad de Freud, en el sentido que equiparaba el progreso de la civilización con el aumento de la culpa y la represión. El capitalismo, finalmente, ha encontrado el contexto idóneo para que la felicidad y la represión, la realización personal individual y los efectos de la multitud convivan en un espacio en el que, a diferencia del progreso burgués tradicional de raíz protestante, la manifestación

16. Como curiosidad, Rousseau es el nombre que el movimiento de extrema derecha Movimento 5 Stelle (M5S) ha dado a su plataforma de participación en línea.

17. Herbert Marcuse, *Negation: Essays in critical theory*. Boston: Beacon Press, 1968, p. 120.

del dolor propio y ajeno, así como la tristeza personal, conviven con la inflación de la «felicidad». Por lo tanto, es un espacio en el que es posible aparentar felicidad siendo infeliz o mostrar infelicidad desde una resignación tranquila, es decir, encarnar una nueva fantasía, la de vivir dos vidas opuestas en un solo cuerpo a través del género narrativo de las confesiones. Las fantasías vertidas en las plataformas acaban llevando al individuo de la felicidad a la amargura, de la liberación a la autorrepresión y a la represión de los otros a través del escarnio o el linchamiento. La tensión entre la vida que se encarna y la que se muestra puede generar muchas desafecciones y disociaciones cognitivas. Siguiendo los arquetipos que Marcuse utilizaba en *Eros y civilización*, podríamos decir que en las plataformas sociales prima la figura de Prometeo –eterno sujeto del rendimiento, de la técnica, de la razón, de la voz que ordena– mientras los usuarios intentan emular a Orfeo y Narciso –símbolos del disfrute, de la voz que canta, del gesto que ofrece y recibe.[18]

El filósofo Franco *Bifo* Berardi, cuando escribe *La fábrica de la infelicidad* (2001),[19] poco antes de la aparición de las redes sociales, tiene en cuenta el carácter pernicioso de la fantasía proyectada en internet y cuestiona la felicidad entendida como un nuevo universal. Él habla de «ideología virtual» para referirse a la mezcla de futurismo tecnológico, evolucionismo social y neoliberalismo económico que impulsaron revistas como *Wired*. Según Berardi, es la clase improductiva de abogados y

---

18. Herbert Marcuse, *Eros and civilization* (1955); *Eros y civilización*. Barcelona: Ariel, 2003.

19. Franco *Bifo* Berardi, *La fabbrica dell'infelicità* (2001); *La fábrica de la infelicidad. Nuevas formas de trabajo y movimiento global*. Madrid: Traficantes de Sueños, 2011.

contables la que se apropia de la plusvalía cognitiva de los usuarios-operarios, como si internet no tuviera tanto que ver con la plaza pública, sino con un gran cerebro, una esfera que funciona como un organismo conectado por donde fluye la información y el dolor, para hacernos conscientes «de los efectos psicopatógenos de la explotación económica de la mente humana». Berardi es visionario cuando destaca esta explotación de la mente humana. Si el siglo xix pone la atención en el espíritu y el siglo xx en el cuerpo, el siglo xxi lo hará sobre la mente y su órgano rector, el cerebro. Si la cibernética (de los años cincuenta y sesenta) estuvo acompañada de la contracultura y del movimiento *hippy* –que incluía una expansión de la mente y de la percepción–, la tecnoesfera actual entiende la mente como un espacio en disputa, ya sea desde el autocontrol personal, el rendimiento económico o la alienación cultural.

2

LA MÁQUINA CULTURAL Y LA LIBERTAD DE EXPRESIÓN

LA OPINIÓN PÚBLICA Y LA BURBUJA COMUNICATIVA

En 2022 se cumplieron cien años de la publicación del libro *Opinión pública*, de Walter Lippmann. Lippmann junto a Edward Bernays, sobrino de Freud, analizaron las relaciones entre las masas y el poder desde el punto de vista de la comunicación y las relaciones públicas. El hecho de que Bernays fuera sobrino de Freud no es banal, ya que aplicó las teorías del inconsciente de su tío a la persuasión política y económica. Bernays se fijó en los «hábitos» y en las «opiniones» de las masas y en el hecho de que quien llegara a manipularlos conseguiría «el gobierno invisible que posee el verdadero poder que rige el destino del país».[20] Por su parte, Lippmann quería establecer una ciencia política que velara por organizar la opinión pública de cara a la prensa, en lugar de dejar que fuera la prensa la que la organizara. Tanto Bernays como Lippmann formaban parte del Commitee on Public Information, también conocido como Creel Commitee, que tendría como objetivo influir en la opinión pública para que la entrada de Estados Unidos en la Segunda

20. Edward Bernays, *Propaganda* (1927); *Propaganda*. Santa Cruz de Tenerife: Melusina, 2008.

Guerra Mundial fuera bien aceptada. Contaban con setenta y cinco mil oradores voluntarios en cines, teatros, iglesias o sindicatos que, durante las pausas, entonaban el sermón. Llegaron a hacer más de un millón. Podríamos decir que era un ejército de bots de carne y hueso. Lippmann nos recuerda que la creación del consenso es un arte viejo que debería haber desaparecido con la democracia; pero insiste en el hecho de que no solo no ha desaparecido, «sino que ha mejorado su técnica, ya que ahora se basa en el análisis en lugar de seguir una norma general».[21]

El libro de Lippmann empieza con el clásico pasaje descrito por Platón en el libro VII de *La República* en el que habla del mito de la caverna: los humanos, anclados en un punto de vista fijo dentro de su cueva de ideas prefijadas, toman las sombras que se reflejan sobre las paredes como su verdad particular. Esta famosa analogía le sirve para describir todo un siglo de medios de comunicación de masas y su relación con la creación de verdades autónomas, así como la manufactura del consenso.[22] Lippmann distingue entre el mundo exterior (*the world outside*) y las imágenes mentales (*pictures in our heads*) que nos hacemos. Lo ilustra con el momento del armisticio de la Primera Guerra Mundial, cuando todo se había acabado pero todavía seguían muriendo miles de personas porque la noticia no les había llegado. Habla de una experiencia cada vez más indirecta del entorno en el que vivimos, confundiendo las imágenes con la realidad propia. De él aprendimos que lo que se imagina la

21. Walter Lippmann, *Public Opinion* (1922). Nueva York: Free Press, 1997, p. 248; *Opinión pública*. San Lorenzo del Escorial: Langre, 2003.
22. Expresión que Noam Chomsky y Edward S. Herman acuñaron en 1988 a partir de la definición que Lippmann hace en su libro.

gente es lo que más adelante hará y que los medios de comunicación tienen un papel esencial en la construcción de este imaginario a partir de «ficciones», y en la construcción de lo que él denominaba «pseudoentorno» (*pseudoenvironment*). Según Lippmann, «la cultura humana es una selección, un reagrupamiento, un rastreo de patrones y la estilización de lo que William James denominaba "las irradiaciones aleatorias y los reasentamientos de nuestras ideas"».[23] En la época en la que lo escribe, 1922, a pesar del importante rol de la prensa en la conformación de la opinión pública y la presencia de informativos cinematográficos en las salas de cine, no había una profusión tan grande de imágenes de los acontecimientos como la que hubo con la popularización de la televisión, de manera que las versiones de estas imágenes mentales, acompañadas de sus referentes propagandísticos y mediáticos, eran en gran medida concordantes entre sí. El rango de las imágenes mentales fue cambiando a medida que la gente entraba en contacto con medios de comunicación independientes o espacios comunicativos especializados. Entonces la imagen que uno se hacía coincidía con el tipo de fuentes que proveían la información y su ideología. En los últimos veinte años, y sobre todo a causa de la internet de las plataformas sociales, se han vuelto a exacerbar estas *pictures in our heads*, y se han hecho menos visibles las opiniones más moderadas. Llevamos décadas con la imaginación hipotecada.

Cuarenta años después de la publicación de *Opinión pública*, y muy en consonancia con las ideas de Lippmann, Marshall McLuhan decía que, si bien el descubrimiento más importante

---

23. Walter Lippmann, *Public Opinion*, op. cit., p. 16.

del siglo xix había sido «la invención», el del siglo xx era el «juicio diferido». El juicio diferido somete el discurso público a todo tipo de distorsiones, en primer lugar aquellas vinculadas con el hecho de llegar tarde a la noticia; en segundo lugar las que son fruto de la reconstrucción de los hechos o de lo que podríamos denominar la concatenación de mediaciones que añaden una trama de preconcepciones, prejuicios y estereotipos al mensaje, y, por extrapolación, al mismo acontecimiento. De hecho, fue Lippmann el primero en hablar de los estereotipos que se generan en las mentes de la gente, dado que la mayoría de las relaciones son relaciones a distancia. Según Lippmann –que pone como ejemplo la relación entre patrón y empleado, político y votante–, dicha distancia hace que debamos llenar la imagen que tenemos del otro con estereotipos que funcionan como un medio de agitación. La visión que da de ello no es negativa, cree que los estereotipos son unos facilitadores de la comunicación pública, ya que dan seguridad a aquel que los utiliza y, a pesar de que no ofrecen una visión completa, son una imagen de un mundo posible al que nos adaptamos, como también hacemos con las expectativas. Lippmann cree que los estereotipos se alejan de los ideales y que, simplemente, muchos se crean porque se corresponden con cómo pensamos que es el mundo, lo que genera una sensación de familiaridad. Al margen de que el juicio diferido implique unas limitaciones del contrato social, según Lippmann, lo que restringe el acceso de la gente a los hechos es la pobreza temporal de la que disponen las personas en su día a día para prestar atención a los asuntos públicos, la creciente distorsión nacida de la brevedad de los mensajes, la dificultad de intentar expresar la complejidad del mundo con pocas palabras o el miedo a afrontar estos hechos, que podrían amenazar sus rutinas. Hace un siglo de este diagnóstico y parece que el autor hable del contexto actual en plena efervescencia de las plataformas sociales.

Siguiendo la apuesta de McLuhan, podríamos poner sobre la mesa la hipótesis de que, quizá, el descubrimiento más importante de este siglo que acaba de empezar es el juicio en tiempo real y la transformación en activo financiero de cualquier elemento que tenga que ver con la vida. Este juicio, sin embargo, a pesar de que haya superado el carácter diferido de la noticia, no ha conseguido que el discurso público se acerque más a la verdad, sino que le ha añadido nuevas capas de distorsión comunicativa, como el hecho de mostrar cosas irrelevantes para no hablar de las cuestiones que importan, de crear «bolas de nieve» o ruido comunicativo que genera superávit audiovisual, enjambres de voces que pululan al mismo tiempo y erigen un muro cacofónico en una nueva versión de la teoría de «la espiral del silencio»,[24] en la que la opinión individual y la opinión de la masa coinciden. Esta es la trampa más rentable del contexto comunicativo actual: convencer a la masa de que cada individuo es un canal al servicio de la libertad de expresión y que cada voz

---

24. La teoría de la espiral del silencio fue popularizada por Elisabeth Noelle-Neumann en 1977. Se refería al hecho de que la opinión pública es una forma de control social en la que los individuos adaptan su opinión y actitud en función de lo que es socialmente aceptable o de lo que no lo es. En el artículo «Social Majority, Facebook and the Spiral of Silence in the 2016 US Presidential Election», Matthew Kushin y los demás autores de este texto recuperan la teoría de Noelle-Neumann sobre el comportamiento de la gente en Facebook ante las elecciones presidenciales. El artículo concluye que, en la plataforma, siguiendo la teoría de los setenta, la gente solo comparte las opiniones que simpatizan con las opiniones mayoritarias por miedo al aislamiento (*fear of isolation*), eliminando el disenso del ágora pública digital.

importa y es escuchada, a pesar de que sea puesta al servicio del algoritmo. Los algoritmos son las instrucciones que hacen funcionar las aplicaciones, que diseñan las posibles interacciones sociales, organizan sus interfaces y, por lo tanto, jerarquizan los contenidos. Ya no es necesario esforzarse en la creación de estereotipos, aunque muchos algoritmos funcionan tomando decisiones enmarcadas en estereotipos o generando nuevos; los algoritmos son los auténticos artífices de las *pictures in our heads*. Lo que nos ofrecen, sin embargo, es cambiante y está muy vinculado con los intereses empresariales. Si durante muchos siglos, mucha gente no podía hacerse una imagen del mundo más objetiva y general porque no tenía acceso a la información política, científica o económica, actualmente corremos el riesgo de que se produzca una situación inversa: ¿Y si solo podemos hacernos imágenes del mundo a través de la tecnoesfera pública, pero ya no podemos intervenir en ella porque la imagen que nos hacemos se vuelve obsoleta inmediatamente, cambia demasiado deprisa?

Si bien los signos aparecen en tiempo real, la conversación a menudo tiene un carácter diferido, ya que las respuestas o las reacciones no son inmediatas. Esto genera diversas tensiones, sobre todo en plataformas como X, Twitch o Facebook. Una de estas tensiones impacta en el comunicador, que se inquieta ante la imprevisibilidad de la aceptación de su mensaje, así como ante un posible ataque; otra tensión afecta al comentarista polemista, que inicia una lidia que no puede controlar. Otra fuente de tensión son los bots, creados para polarizar las conversaciones a partir del linchamiento público o del exabrupto, lo cual facilita, a su vez, que haya más bots. Como los publicistas reclutados por el Creel Commitee de Estados Unidos en la Segunda Guerra Mundial, los bots aparecen para enderezar la opinión pública. Si el Creel basaba sus discursos en hacer hincapié en el desprestigio del adversario, en la justificación de la guerra y en la creación de la figura del «traidor» y de la «noble Patria», ahora los partidos de derecha y de extrema derecha han encontrado un espacio idóneo en las plataformas sociales para que bots y personajes carismáticos ataquen de forma reiterada a sus oponentes políticos o a los perfiles adversarios, con técnicas similares. El primero en utilizar estas herramientas de manera recurrente fue Donald Trump, ayudado por Steve Bannon, a partir de 2009 y hasta enero de 2021 cuando fue expulsado de la plataforma debido a las reiteradas publicaciones falsas y por incitación a la violencia. Con la alianza entre Trump y Musk, el acceso del primero a la plataforma vuelve a estar asegurada. A través de un estudio de la Universidad de Brown, se descubrió que una cuarta parte de los tuits sobre crisis climática estaban producidos por bots negacionistas que difundían mensajes de rechazo del cambio climático sobre la base de *fake news*. También desempeñaron un papel clave para sofocar la Primavera Árabe y las manifestaciones de Hong Kong, o en la práctica imperialista de Putin. En este contexto, es necesario destacar los bots filantrópicos: un bot que corrige a la gente cada vez que alguien escribe «inmigrante ilegal»; un bot que replica las frases sin sentido de los seguidores de Trump; los bots que informan y asesoran sobre temas de salud y consumo…

En noviembre de 2024, cuando Donald Trump volvió a ganar las elecciones presidenciales, Elon Musk, propietario de X, trinó: «You are the media now». Trump había usado todo el poder de Musk para integrarlo en la campaña y en el equipo presidencial. Este «Vosotros ahora sois los medios» no tiene nada que ver con el grito «The whole world is watching you»

[Todo el mundo os está mirando] que clamaban los manifestantes en contra de la guerra de Vietnam cuando tuvo lugar la Convención Nacional Demócrata de 1968. No se puede equiparar con aquella frase que velaba por la versión popular de los hechos, por la preservación de medios de comunicación independientes del poder político, ni siquiera tiene que ver con el periodismo ciudadano que reclama Musk. Lo que Musk quiere decir es: «Ahora el medio soy yo», «La opinión pública soy yo» en una versión tecnosocial de aquella frase –«el Estado soy yo»– con la que Luis XIV ponía en consonancia su persona con el poder político absoluto. Ahora, el Estado es Donald Trump, pero también lo es el algoritmo de X. Y el de TikTok, Facebook...[25]

■

Ofrecemos nuestra voz a grandes corporaciones en un contexto en el que la opinión se ha convertido en un bien bursátil, un activo financiero, un peso muerto en la balanza política, un instrumento en la pugna por la atención. Ya en 1971, el economista Herbert Simon advertía sobre la guerra por la atención cuando circula un caudal abundante de información en «Designing organizations for an Information-Rich World», uno de los capítulos de *Computers, Communications, and the Public Interest*, editado por Martin Greenberger: «En un mundo rico en información, esta riqueza significa la muerte de otra cosa: la escasez de aquello que la

25. En diciembre de 2024 tuvieron que repetirse las votaciones presidenciales de la primera vuelta en Rumanía debido a la injerencia rusa a través de TikTok, Telegram e influenciadores que favorecieron al candidato prorruso Călin Georgescu.

información consume. Lo que la información consume es la atención de los que la reciben. Es decir, una riqueza en información crea una pobreza de atención». El gran coro de voces de las plataformas sociales ya no busca la verdad, sino imponer una versión del discurso en un momento determinado, por muy breve que sea ese instante, y capturar la atención pública en ese lapso concreto. Se habla mucho del hecho de que la opinión pública esté concentrada en las plataformas sociales que funcionan como una cámara de eco (*echo chamber*), un espacio mediático en el que las creencias y los sesgos se refuerzan y amplifican gracias a las iteraciones, a su carácter cerrado y a la confianza que proyectamos en las voces principales. Por esto en 2011 Eli Pariser habló de «filtro burbuja»,[26] recogiendo todo un imaginario y una mitología antiguos –el de un mundo burbuja, un espacio protector, un retiro donde permanecer, una cabaña en el bosque–, pero adaptados a las nuevas interfaces. La burbuja es la *timeline* de cada usuario en el que el algoritmo hace que aparezca la información y los perfiles patrocinados, o elige contenidos que sabe que atraerán su atención. La tecnosocióloga turca Zeynep Tufekci observa que los vídeos que aparecen en primer término en YouTube son los que defienden opiniones radicales,[27] engañosas o falsas porque está demostrado que son en los que más hacemos clic. De esta manera hemos enseñado al algoritmo nuestra atracción por lo extremo y repugnante. Si ves un vídeo sobre Trump, a continuación te ofrecerán veinte vídeos sobre supremacismo blanco.

---

26. Eli Pariser, *The Filter Bubble: What the Internet Is Hiding from You* (2011); *El filtro burbuja: cómo la web decide lo que pensamos*. Barcelona: Taurus, 2017.
27. Zeynep Tufekci, «YouTube, the Great Radicalizer», *The New York Times*, 10 de marzo de 2018.

Hay muchas voces que afirman que las redes sociales están minando la democracia, ya que fomentan contenidos execrables y nos hacen mantener la atención a través de las atrocidades y los escándalos, tal como siempre han hecho la prensa y la televisión sensacionalistas, así como algunos medios públicos; pero el alcance de internet, como medio de propagación, es mayor y los formatos basados en la conversación y la participación ciudadana le dan una veracidad al discurso y una implicación al usuario que no han tenido los medios unidireccionales. Un caso muy claro fue la incidencia de Facebook en el genocidio de la comunidad musulmana de los rohingyas en Myanmar a manos de turbas budistas, y que personas como la representante de la ONU Yanghee Lee denunciaron en 2018. Algunos especialistas comentan que el papel que desempeñó Facebook era parecido al que la Radio Libre des Mille Collines tuvo en el genocidio de Ruanda en 1994. Mark Zuckerberg respondió al crimen de enaltecimiento del odio con una simple disculpa pública. ¿El Gobierno de Myanmar podía haber frenado a aquella turba digital? A veces, las omisiones o la equidistancia contribuyen, de forma indirecta, a una espiral del silencio que puede acabar con la muerte de mucha gente. Pero ¿podemos estar en las plataformas sociales sin tener que posicionarnos a favor o en contra de todo y no afectar a estas fatídicas espirales de silencio?

LA CULTURA DE LA CANCELACIÓN
O LA DESAPARICIÓN DEL OTRO

Un grupo social rico en capital simbólico, siempre que vaya acompañado de la fuerza de la visibilidad pública, se impone y deja fuera de campo todas las demás identidades vinculadas a otros grupos sociales. En otras épocas, los grupos ricos en capital simbólico no necesitaban recurrir constantemente a la visibilidad, aunque sí buscaban el reconocimiento –como hemos visto a través de Habermas en el caso de la Edad Media–. El espacio de las plataformas sociales premia el capital social (el reconocimiento y la popularidad) por encima del capital cultural (el bagaje, la experiencia);[28] además, a menudo este capital social está vinculado al capital económico. Es posible que grupos de gran capital económico y de gran impacto en las relaciones económicas y sociales no tengan representación directa en línea, pero sí indirecta a través de sus embajadores digitales. La visibilidad otorga, *ipso facto*, una fluctuación concreta de la opinión pública que se traduce en un posicionamiento ideológico determinado. El sociólogo Pierre Bourdieu ya nos avisaba de que la opinión de los otros podía tener un carácter más represivo que los agentes del orden público. Las formas visibles de internet generan un sistema de valores sociales y establecen una jerarquía. Hay grupos de poder interesados en hacer oscilar estos estados de opinión para crear corrientes morales generales. Un ejemplo claro es la instrumentalización política de las «ocupaciones de pisos» o del colectivo trans o de las protestas vinculadas a la emergencia climática.

La popularidad suele darse a través del capital simbólico de la persona, que siempre se había basado en los elementos culturales, económicos o sociales, tal como lo formula Bourdieu. Pero todo esto ha cambiado, ya que en las plataformas digitales

---

28. Esta distinción parte de las teorías del sociólogo Pierre Bourdieu.

el capital simbólico de alguien puede generarse, simplemente, a partir de las opiniones. De este modo, las plataformas sociales actuales adquieren la forma del debate permanente. Son un espacio que se vende como un ámbito de opinión libre, personal, no posicionada, un ágora donde construir ciudadanía. Pero en realidad se trata de un medio en el que el debate que se produce se gesta, algorítmicamente, desde la polémica y la polarización de los discursos. Esta realidad preocupante, en la última década, ha sido motivo de amplios estudios, pero no ha sido suficiente para crear plataformas sociales más seguras.[29] El diálogo es un falso debate, ya que las posiciones están consensuadas por adelantado, en un bipartidismo permanente. Esta es la base del *infoshow* televisivo desde los noventa hasta la actualidad. Como una continuación natural de este modelo, el debate en las plataformas se parece a los concursos de mero entretenimiento y a los formatos deportivos. Todo es competición donde solo se puede perder o ganar. La política, la cultura y la actualidad asumen esta paleta agonística donde lo importante es el resultado, cómo acaba la historia. Así pues, todo pasa por la criba del concurso y la competición: el conocimiento se vehicula a través del juego de preguntas y respuestas o el *quiz show*; la comprensión moral de los hechos se ciñe al juicio polarizado y a la tensión entre la derrota o la victoria. Boris Groys, en *La lógica de la colección y otros ensayos*, recordaba que los museos excluyen

---

29. Aun así, las dinámicas de las plataformas no son constantes. La alianza entre Donald Trump y Elon Musk en otoño de 2024 hizo que millones de usuarios de X dejaran la plataforma o emigraran a alternativas como Blue Sky durante las primeras semanas de la presidencia de Trump. Las masas son variables y hay que aprovechar el momento de descarga, donde parece que el desplazamiento o la transformación son posibles.

siempre al otro, mientras que –añadimos– los archivos o las instituciones educativas y socioculturales siempre tendrían que integrarlo, ya que si este no está, la esencia de dichos organismos desaparece. Las plataformas sociales son como un museo que se fuera haciendo en tiempo real y donde no solo se excluye al otro, sino que cuando aparece, lo hace para ser cuestionado o linchado. Hace unos años había una gran preocupación por la figura de los «odiadores» (*haters*), pero hoy en día, ¿quién no utiliza estos espacios para lanzar una pequeña dosis de odio cotidiano?

En este contexto informativo, las imágenes mentales se vuelven más prefijadas y tienen un latido cada vez más autónomo en relación con los hechos. Las imágenes mentales se configuran desde los propios medios sobre la base de unos estereotipos cada vez más simplificados y radicalizados. A falta de experiencia directa de los hechos, solo queda el escenario. El otro se convierte en una entidad opaca, incomprensible, peligrosa y adversa. Y la toma de decisiones colectiva va girando hacia opciones políticas que prometen protección y seguridad, hacia la derecha más extrema. Y acabamos votando a golpe de tuit, a golpe de *post*, a golpe de etiqueta (*hashtag*). De hecho, ya decía McLuhan en 1967 que estaba surgiendo una nueva forma de hacer política con maneras inusuales de operar, y que los comedores se habían convertido en cámaras oscuras electorales, y quien dice comedores, dice cualquier lugar equipado con wifi.

En contextos en los que las masas físicas y la propaganda electoral ejercían un papel clave en la política del momento, dichas masas eran cuantificables y su contorno estaba delimitado. Ahora, la presión de la masa se intenta disimular; las masas algorítmicas son irrepresentables, pero a pesar de ello son gregarias, tienen perfiles e ideología propia. Su descarga[30] no es puntual, sino oscilante y en tiempo real. Las plataformas sociales hacen su propia guerra y han contribuido a la popularización de la «cultura de la cancelación» de los últimos años. Por «cancelación» se entiende un fenómeno de rechazo público de una persona, por su opinión o por actitudes que chocan contra la moral de una época. Se trata de apartar a un individuo de la esfera pública, a través del linchamiento o la negación masiva de su persona. Si bien la mayoría de las cancelaciones tienen que ver con hechos de misoginia o racismo, también se puede utilizar como herramienta de ejecución pública o de censura histórica.[31]

Los atenienses de la Grecia clásica tenían una palabra para describir la cultura de la cancelación, el «ostracismo» o expulsión durante diez años de la ciudad de la persona que se consideraba nociva para la soberanía popular. La cultura de la cancelación puede operar como una especie de mundo burbuja creado a partir de estrategias de censura directa. Esto proporciona una falsa seguridad al grupo, que ve desaparecer el elemento que perturba la paz del colectivo. Pero «el otro» solo se elide con la condición de subrayar la acción que lo ha hecho desaparecer, el

---

30. El término «descarga» lo tomo prestado de Canetti. Según el autor, la descarga es aquel momento en el que los integrantes de la masa sienten que forman parte de un todo igual.

31. El 2 de abril, el dibujante de cómics Ed Piskor se suicidó a los cuarenta y un años, después de que dos mujeres lo acusaran de acoso sexual. Una de ellas publicó en las redes sociales capturas de mensajes de 2020 en los que Piskor le hacía proposiciones sexuales. Automáticamente, le anularon las exposiciones que tenía en marcha y el rechazo público no se hizo esperar. Antes de suicidarse, dejó una carta de cinco páginas en la que decía que los «valientes de internet» lo habían asesinado y se declaraba inocente.

propio gesto de la aniquilación. Las voces canceladoras vienen de una ira antigua; no les faltan motivos (el cuerpo de las mujeres siempre ha sido utilizado de forma interesada por el patriarcado). Como dice Raül Garrigasait, «la ira es la manera más fuerte y segura de decir no» y añade «[S]in un amor intenso o una preocupación profunda o una visión consolidada del mundo no habría ira».[32] Pero la ira es también, como señalaba Séneca, «el flagelo que ha costado más caro al linaje de los hombres». La ira da fuerza, y esta no solo puede transformar a un humano en una cosa matándolo, sino también mientras todavía vive: «Vive, tiene un alma y, a pesar de ello, es una cosa, [...] es una vida que la muerte ha congelado mucho antes de suprimirla», dice Simone Weil. La cultura de la cancelación cosifica a través de la sentencia como punto de partida; en este gesto de raíces patriarcales resuenan demasiado cerca las cacerías de estigmatización de un grupo social, en el que las mujeres siempre han llevado las de perder. No se puede vencer el machismo con herramientas machistas, pero ¿cómo hacerlo? La cosificación también forma parte de la violencia machista que puede llegar a convertir en cadáver el cuerpo de la mujer en el caso de un feminicidio o de un acoso. Para reparar la historia, la ira a veces no se sitúa en el presente, sino entre el pasado y el futuro. «A menudo nos irritamos, no contra los que nos han herido, sino contra los que nos tienen que herir», en palabras de Séneca. La cultura de la cancelación es una manera de responder a las injurias presentes y de evitar las futuras injurias a partir de castigos ejemplares, algunos de ellos, proferidos a la desesperada.

32. Raül Garrigasait, *La ira*. Barcelona: Fragmenta, 2020, pp. 15 y 19.

Las relaciones de poder injertadas de odio, sin embargo, no solo están condicionadas por el género, sino también por elementos etnicoculturales, de clases sociales y por factores contextuales, de tal manera que solo se puede entender el abuso de poder por cuestión de género analizando cada situación en concreto. Todo esto siempre que no hablemos de agresión y cuando el marco jurídico esté claro. A partir de la Ley orgánica 10/2022 de Garantía Integral de Libertad Sexual se considera acoso sexual cualquier comportamiento, verbal o físico, de naturaleza sexual, que tenga el propósito o produzca el efecto de atentar contra la dignidad de una persona, en particular cuando se crea un entorno intimidatorio, denigrante u ofensivo. En la nueva ley la distinción entre abuso o agresión desaparece. Entre los casos de acoso que se hacen públicos, hay un rango muy amplio de casuísticas, donde una proposición de acostarse convive con una violación, una vejación reincidente o un asesinato. Judith Butler, en la entrevista «Une éthique de la sexualité: harcèlement, pornographie, prostitution», que Éric Fassin y Michel Feher le hicieron para la revista *Vacarme* en 2023, analiza el acoso y arguye que el problema no es solo el acto sexual en sí, sino sobre todo las condiciones que se corre el riesgo de crear, es decir, se trata de si la persona podrá continuar trabajando o estudiando sin tener que someterse a un chantaje permanente o a ser apartada del grupo. La cultura de la cancelación invierte la ecuación, crea una condición en la que la persona denunciada ya no podrá trabajar más ni dejar de ser aquel «monstruo» que es o en el que lo ha convertido el juicio popular.

La cultura de la cancelación ha encontrado en la denuncia popular basada en el linchamiento o en la exhibición pública una manera de canalizar esta ira heredada. Quiere ser un acto de reparación de la persona acosada, pero a veces provoca el efecto contrario, ya que esta persona ve cómo su experiencia se convierte en un espectáculo grotesco a manos de medios sensacionalistas, altavoces individuales distorsionadores y entidades mediadoras. Una especie de peaje individual para una hipotética «paz social». Hemos dejado de cuestionar el *modus operandi* de las denuncias públicas, porque al individuo le pesa demasiado el miedo y a la institución, el escándalo. Se ha optado por la polarización, como si pudiera haber un lado bueno de la historia y otro malo, y la división fuera clara y universal. La cultura de la cancelación parte de un disenso muy necesario, pero acaba creando un consenso maximalista en el que se pierde, al final, la propia idea de justicia y la propia práctica de la reparación.

EL CASO DE FACEBOOK Y LA SOBERANÍA FUNCIONAL

En la historia de las plataformas sociales hay dos momentos clave. Uno es el año 2012, cuando todavía se denominaban redes sociales; es el momento en el que Facebook compra Instagram y WhatsApp y permite que haya en ellas publicidad, entra en la bolsa y empieza a hacer experimentos sociales de investigación sobre el comportamiento de sus usuarios –por los que tiene que acabar pidiendo perdón públicamente, aunque no abandona estas prácticas–. El segundo momento clave es el periodo 2013-2016, cuando la datificación de la plataforma (un giro hacia un modelo económico orientado a los datos) y los algoritmos de predicción y aprendizaje automático regulan toda la conversación pública de dichos espacios. Y esto significa que se aplica la inteligencia artificial a la conversación pública.

La cronología propia se ve alterada por las decisiones algorítmicas de la plataforma, que va «aprendiendo» con nuestros datos. Las aplicaciones, además, marcan un tiempo propio, autónomo: hacen que el *scroll* sea infinito y narcotizante, que vagabundeemos distraídamente por la *timeline*; reúnen nuestros mejores momentos del año a partir del impacto que han tenido en los demás; resumen con eslóganes o imágenes que son capaces de atraer nuestra atención; nos recuerdan los aniversarios y las celebraciones de amistad digital, y nos sugieren nuevos amigos o nuevos productos, perfilan y orientan a las personas para optimizar los sistemas, modelan probabilidades y crean información para favorecer los flujos de datos.

Si profundizamos en el caso de Facebook, la empresa pasó de ser un lugar donde el intercambio de información era sobre todo cronológico, a ser un experimento conductista, un mercado de comportamientos. En 2012, la empresa modificó los términos y condiciones e incluyó la posibilidad de vender las fotos a terceros.[33]

Ese mismo año, tal como hacían los científicos conductistas del siglo XX, la corporación hizo un experimento con dos universidades. A lo largo de una semana del mes de enero, Facebook manipuló el número de *posts* positivos y negativos en las noticias de casi 700 000 usuarios para ver los efectos de los cambios de tono en los *posts*. Los investigadores encontraron que

33. La cláusula advertía lo siguiente: «Cuando compartes, publicas o subes contenido que se encuentra protegido por derechos de propiedad intelectual (como fotos o vídeos) en nuestro servicio, o en relación con este servicio, de conformidad con el presente acuerdo nos concedes una licencia mundial, no exclusiva, transferible, que permite ceder los derechos a un tercero y que está exenta de pagos por derechos de autor».

los estados de ánimo eran contagiosos: aquellos que veían más noticias positivas tendían a hacer *posts* más positivos y a la inversa. Y, de paso, la gente pudo darse cuenta del poder manipulador de la aplicación. Los años 2016 y 2017 fueron años muy críticos para Facebook, ya que aparecieron las filtraciones de Cambridge Analytica,[34] la incidencia de los troles rusos en las elecciones norteamericanas (uno de los factores que condicionaron la victoria de Donald Trump), la influencia en el Brexit, en la victoria de Mauricio Macri en Argentina, el auge de las *fake news*, entre otros.

Por todo esto, en 2017, y con el objetivo de aumentar la credibilidad de la empresa, Zuckerberg hizo un manifiesto para demostrar que el objetivo era crear comunidades de apoyo, seguras, informadas, comprometidas e inclusivas para construir una Comunidad Global, «el mundo que queremos entre todos», decía. Para conseguirlo cambió el algoritmo, priorizando no tanto el tiempo que pasaba el usuario en la aplicación, sino lo que Zuckerberg denominó «interacciones socialmente significativas» (*meaningful social interactions*) y el «tiempo bien gestionado» (*time well spent*), penalizando a los pescaclics, las promociones y dando prioridad a los *posts* con valores informativos, a los vídeos que se colgaban desde la propia aplicación o los directos (*lives*). Paralelamente, se amonestaban los enlaces que permitían que el usuario navegara fuera de la aplicación, que prácticamente no tenían visibilidad en las *timelines*.

---

34. A través de la microfocalización (*microtargeting*) y de la «escucha social», se utilizaron los datos de la aplicación para modificar el comportamiento electoral del 10% de las personas indecisas con el objetivo de hacer que votaran a Trump, dándole la victoria de las elecciones presidenciales de 2016.

El discurso de Zuckerberg se llenaba de buenas intenciones con palabras como «oportunidades globales», «desarrollar la estructura social para empoderar a la gente para así construir una comunidad global que trabaje para todos nosotros», «construir comunidades más seguras que puedan ayudar en momentos de crisis humanitarias, ecológicas, pandemias de salud, ante el terrorismo o la crisis de los refugiados», «generar comunidades informadas en un mundo en el que cada uno de nosotros tiene su voz», «construir comunidades comprometidas que vayan a votar» o «construir comunidades inclusivas que reflejen todos nuestros valores colectivos y la humanidad común».

Sin embargo, Zuckerberg obviaba todo lo que se destapó en 2017, que «comunidad global» es un oxímoron y que la empresa tuvo que declarar en el Congreso por vulneración de las leyes antimonopolio. Facebook desempeña una función política de primer orden. No basta con pedir perdón por borrar vídeos que ilustraban la violencia policial sobre las marchas de Black Lives Matter o la censura de fotos de algunos desnudos –como la icónica imagen de la niña de Vietnam quemada por el napalm–, porque el hecho es que siguen programando y entrenando algoritmos que premian las pasiones exaltadas en *timelines* que funcionan como espacio de linchamiento público.

Facebook cuenta con un sistema de censura directa a través de los «moderadores», un equipo de gente que tiene que enfrentarse a diario con el *Horror Picture Show* de la red. Trabajan en un régimen de pseudoesclavitud y tienen que lidiar con el estrés postraumático debido a lo que han visto. Están repartidos en veinte centros en distintas partes del mundo –muchos de ellos en países como Kenia o Filipinas– y toman unas quinientas decisiones al día relacionadas con la censura de contenidos, algunos de los cuales exponen auténticas atrocidades. Tal como se explica en el documental *The cleaners* (2018), muchos de los contratados por empresas como Facebook son de ciudades como Manila. El 80 % son católicos, de tal manera que pueden vivirlo como una tarea de purificación, pueden presentarlo como un oficio moral que permite crear entornos saludables. Cada trabajador ve miles de imágenes al día, una dieta diarreica de horrores ante los cuales las únicas opciones son «eliminar» o «ignorar». Las órdenes son claras: hay que censurar insultos, drogas, abusos sexuales, desnudos, autolesiones, terrorismo, decapitaciones, agresiones de todo tipo, las imágenes de los kurdos, de los palestinos... Si decimos «puta» a una mujer en un *post*, se borra, pero si lo hacemos en un comentario, no. Hitler se censura, pero Franco o Mussolini, no. El sionismo está protegido, pero el islamismo, no. Terrorismo es todo aquello que coincide con un listado provisto por el Gobierno de Estados Unidos. Hacen prevalecer la «corrección del buen gusto»,[35] el filtro iconográfico por encima del valor histórico. Y todo esto en empresas de un país, Estados Unidos, en el que algunos de sus líderes políticos creen que el enaltecimiento del odio es solo un punto de vista, un aspecto más de la libertad de expresión. ¿Cómo se pueden ignorar o eliminar todas las imágenes que han llegado a ver, esa cadena de atrocidades? En 2021, Facebook cambió el sistema de moderación y clasificó los países en los que ofrecía sus servicios según diferentes niveles de importancia, y adaptó en él los «niveles» de moderación: dio prioridad a Estados Unidos, India o Brasil, seguidos de

---

35. Así se expresaba Susan Sontag después del 11S en *Regarding the Pain of Others* (2022); *Ante el dolor de los demás*. Madrid: Debolsillo, 2010.

Alemania, Israel, Irán e Italia. De este modo, dichos servicios empezaron a funcionar como *war rooms*, como gabinetes de especialistas que ofrecen a los Gobiernos (o a grupos de presión) experiencia y conocimiento para definir estrategias electorales o gestionar conflictos políticos.

Con el tiempo, las plataformas asumieron más responsabilidades gubernamentales, y los ciudadanos están, cada vez más, sujetos al control corporativo en lugar de estarlo al control democrático o, también podríamos decirlo de otro modo: sujetos al control democrático a través del control corporativo. Podemos afirmar que estas empresas son Gobiernos en la sombra dentro de lo que Frank Pasquale ha denominado «soberanía funcional». Tenemos que recordar que Facebook incluso intentó implementar su propia moneda con el proyecto Libra. El auge de la tecnología de cadena de bloques (*blockchain*) y la popularización de las criptomonedas, como por ejemplo los bitcoins, han ralentizado, sin embargo, el éxito de Zuckerberg en el ámbito financiero. Pasquale explica que la economía política digital puede ayudarnos a comprender cómo las plataformas acumulan y ejercen el poder y sostiene que estas compañías ya no pueden leerse como meros participantes del mercado, sino como creadores de mercado.

EL PODER CARISMÁTICO, LA POLÍTICA Y LOS *INFLUENCERS*

> A los grandes hombres, incluso en vida, la gente normalmente los conoce por una personalidad ficticia.
>
> WALTER LIPPMANN, *Opinión pública*

En 1955, Elihu Katz y Paul F. Lazarsfeld escribieron *Personal influence* [Influencia personal], donde explicaban que hay unos líderes de opinión que gestionan los pareceres de los grupos de forma masiva a través de la figura de los expertos, confirmando lo que ya había anticipado Edward Bernays a finales de los años veinte. Han pasado décadas y el mismo relato continúa a través de figuras como los *influencers* o influenciadores. Cada sociedad dispone de sus ídolos y de sus guías emocionales, espirituales, estéticos o políticos en quienes delegamos la proyección de nuestras expectativas y el orden social futuro.

En su libro *Economía y sociedad* (1922),[36] Max Weber planteó una trifurcación del poder basada en las siguientes formas de dominación: la tradicional (la ejercida por los patriarcas, el patrimonialismo, el feudalismo), la carismática (basada en el carácter, el heroísmo, el liderazgo, la religiosidad) y la legal y burocrática (fundada en la ley, el Estado moderno o la burocracia). Las formas son vasos comunicantes, pero en cada época predomina alguna modalidad por encima de las demás. Actualmente destaca la forma legal y burocrática, que funciona como maquinaria de los Estados nación contemporáneos, es más productiva cuando se acompaña de los poderes carismático y tradicional en otras esferas, como, por ejemplo, la economía, el entretenimiento o la cultura.

Weber afirmaba que las profesiones individuales eran, en su origen, de carácter carismático, y equiparaba el concepto de

---

36. Max Weber habla de «poder carismático» en el capítulo que dedica a la naturaleza del poder carismático y a su normalización. Este libro fundamental de Weber no se distribuyó hasta 1947 en inglés y en 1964 en castellano (*Economía y sociedad. Esbozo de sociología comprensiva*. Madrid: Fondo de Cultura Económica de España, 2002).

«carismático» con el de «mágico». De hecho, «carisma» viene de la tradición cristiana y se refería al don especial que tenía un cristiano que estaba destinado a influir en la comunidad de la Iglesia. Weber comentaba que esto fue así gracias a la liturgia y a las ciudades, es decir, gracias al culto religioso y a las aglomeraciones de gente, tal como pasa ahora en las plataformas sociales con los nuevos cultos y las nuevas formas sociales basadas en las multitudes agregadas. Según Weber, la dominación de carácter carismático –etimológicamente, «lleno de gracia»–, a diferencia de la dominación tradicional o la dominación legal y burocrática, tiene que ver con la santidad, el heroísmo o la ejemplaridad de una persona, y con todo aquello que se deriva de ello. La persona reconocida tiene el deber de responder a la ejemplaridad que le ha sido otorgada y, a su vez, los fieles seguidores tienen el deber de creer en la gracia del poder del personaje. Este carácter religioso lo encontramos hoy otorgado a la persona capaz de atraer la atención y la confianza de la gente y de inspirarlos solo a través de su figura. Que todo recaiga en la persona hace del poder carismático un tipo de poder de corto recorrido, sin continuidad, ya que queda circunscrito a su tiempo de vida o al tiempo que la gente considera que todavía tiene efecto. Para que funcione el engranaje, una persona que tiene este rol ha de ser sustituida por otro individuo con características similares.

Los rasgos y estilemas que otorgan poder carismático cambian con cada época. En 1920, Marcel Mauss en *Sociología y antropología* los definía como «enfermos y extáticos, nerviosos y charlatanes», y señalaba que lo que confiere virtudes mágicas no son tanto sus características físicas individuales, sino la actitud que la sociedad adopta respecto a su especie. El carisma tiene que ver, por lo tanto, con los valores hegemónicos de la época, pero también con la magia; y el mago es, según este antropólogo, el que se adapta a su propia imagen, condición previa a su rol público como mago, que le llega, según Mauss, por revelación, consagración o tradición.

Lewis Mumford en *El mito de la máquina* (1967) destaca los momentos en los que el poder se concentra en una sola figura, las épocas de los «hombres fuertes», testosterónicos; y esto vale para los déspotas, los tiranos, los pontífices y los dictadores, para Alejandro Magno, Napoleón, Gengis Kan, Hitler o, podríamos añadir, Donald Trump y Elon Musk, ya que el monopolio del poder comporta el monopolio de la personalidad. Según Mumford, la gran proeza de la monarquía consistió en reunir todo el poder humano y conseguir disciplinar la organización (el cuerpo de súbditos) y hacer posible la realización de trabajos a una escala nunca antes conseguida. En estos contextos, la represión es necesaria, pero también el enaltecimiento del jefe, la construcción de un liderazgo fuerte, sobrehumano. Pero al mismo tiempo Mumford destaca un momento de la historia de la humanidad, del siglo IX a. C. al siglo IV a. C., en el que se produce una sublevación del hombre interior contra el hombre exterior. Los «profetas axiales», tal como los denomina, incluyen figuras como Amós, Hesiodo, Lao-Tse, Sócrates, Confucio... que no tienen la musculatura de Gilgamesh, Hércules o Sansón. Se burlan del culto al poder, declarándolo fútil y antihumano. No son ni héroes ni reyes que se vanaglorian del número de monarcas rivales muertos, sino hombres de modesta disposición que no buscaban el apoyo de las instituciones. Amós era pastor, Hesiodo granjero, Sócrates venía de familia de canteros. Y podríamos añadir a Jesús de Nazaret, carpintero y a Siddhartha, que era príncipe pero abandonó su palacio y a su familia para ir en busca de una nueva manera de vivir. Las polaridades en el lenguaje se dejan sentir en el panorama político actual. Por un lado, la izquierda progresista emula a los profetas modestos, construye una imagen pública a partir de conceptos como el bien común, la solidaridad, la gente corriente, los cuidados, lo anónimo, la distribución de los bienes –adquiriendo dejes cristianos y marxistas al mismo tiempo–, la educación, la integración, el respeto a la diferencia, la participación o los buenos sentimientos. Por su lado, la derecha encarna los liderazgos carismáticos desde los cuales se vende fortaleza o prepotencia, victoria, patriotismo, tradición, defensa o seguridad. El «nosotros» que diseña cada partido entra en conflicto con los otros. Para hacer crecer la masa y ganarse la confianza del grupo, los líderes carismáticos actuales buscan, desde la forma, dialogar con figuras carismáticas del pasado creando una falsa genealogía, una transferencia de poder, y apelan a una idea de predestinación como si pudieran decir: «¡Es él, ha vuelto!». A menudo, en la engrasada maquinaria cultural, el carisma se construye desde los departamentos de *marketing*, en los que se destilan unos determinados rasgos físicos, emocionales, gestuales, artístico, discursivos... de personajes de éxito probado. Es una obra de orfebrería industrial, una alquimia populista en la que de lo que se trata es de brillar, de triunfar. Es decir: de vender.

El líder, la estrella, el *influencer* tienen que generar nuevas expectativas, pero deben ser identificables por la masa de la gente que los avala, de ahí que estos ejercicios de sincretismo cultural sean tan importantes. Aunque siempre haya una fina película emocional que viste de presente el discurso de la figura carismática, los atributos que configuran el carisma son cambiantes: la muerte del Che se ilustra con una fotografía que nos recuerda el cuerpo mortificado del Cristo de Mantegna o el cuadro *La lección de anatomía del Dr. Tulp* de Rembrandt; Mussolini parece un personaje de la *commedia dell'arte*; la ingenuidad de Marilyn Monroe es interesada... Toda elección de liderazgo político o cultural implica un cambio en la selección de los valores por los cuales apuesta una sociedad. Nuestra época hace que convivan valores extremos. De una melancólica Billie Eilish pasamos a una exuberante Rosalía; de un predicador fanático y arrepentido como Kanye West, a un Mark Zuckerberg autómata y calculador; de un prepotente y provocador Elon Musk, a una Greta Thunberg asperger. Se premia tanto lo que es políticamente correcto (muy asociado a los partidos de izquierdas) como lo que es políticamente incorrecto (muy asociado a los partidos de derechas o de extrema derecha). A veces, incluso convergen en una misma figura. Hay influenciadores de las plataformas sociales que empezaron hace cinco años vendiendo músculo, mujeres exuberantes y grandes coches y han acabado haciendo de *coaches* o de emprendedores que teatralizan la humildad, con monólogos de arrepentimiento, de elogio del yo interior o, en algunos casos, incluso de Dios. Muchos revisitan la filosofía estoica (Séneca o Marco Aurelio vuelven a estar en las estanterías) a través de rituales de disciplina sobre el propio cuerpo y la mente. Todo toma la dinámica de una secta con grandes adeptos entre la gente joven, sobre todo entre chicos heterosexuales blancos, a menudo *incels*, que participan en retiros espirituales con estos personajes mientras lo filman y lo divulgan a través de las plataformas. Lo que se vende es la idea de confraternidad, de trabajo («deja de *scrollear* como un inútil», dice uno), y de predestinación, siempre desde el cultivo de una individualidad nutrida con valores como la renuncia al deseo, la adaptación al grupo o la disciplina personal y sus recompensas; siempre de espaldas al otro y al mundo. El rumor de fondo es que vivimos en una sociedad enferma y que es necesario cuidarse a través de todos estos nuevos valores y grupúsculos. La manera de aparecer de estos personajes puede hacernos pensar en cómo Rousseau describía a la gente de artes, ciencias y filosofía en 1750 en su *Discurso sobre las ciencias y las artes*. En este texto reaccionario, Rousseau dice que las ciencias y las artes han contribuido a modificar y corromper las costumbres, ya que han pulido las maneras y las pasiones a través de un lenguaje afectado, una retórica imparable y un gusto exquisito y demasiado sofisticado. También dice que los sabios, los filósofos y los artistas han acabado por uniformizar las maneras de relacionarse entre los hombres y han hecho desaparecer el ingenio, la virtud y la inmediatez. Algunas de estas características, que atribuye a la corrupción del alma, parecen salidas de algunos de los personajes más influyentes de hoy en día, independientemente de su ideología política.

Por otro lado, personajes como Donald Trump, Elon Musk o Marie Le Pen se alejan de la sofisticación y constreñimiento que criticaba Rousseau y se muestran «tal como son», sin filtros. En 1976, Robert House definió al líder carismático como una figura dominante, con un gran deseo de influir en los demás, autoconfiado y muy seguro de sus propios valores morales. En cambio, en 1998, Jay A. Conger y Rabindra N. Kanungo apuntan que el líder carismático tiene que tener visión y articulación, sensibilidad por el entorno, por las necesidades de los miembros del grupo, tiene que asumir riesgos personales y tener un comportamiento poco convencional. Pero, al mismo tiempo, también encontramos en estos personajes cierta intransigencia y autoritarismo, narcisismo, pérdida del sentido de la realidad y de la responsabilidad. Cuando Theodor W. Adorno investigó el «potencial fascista» que culminó con la publicación de *La personalidad autoritaria* (1950), observaba que este tipo de carácter no se endereza con cambios psicológicos, sino que solo puede modificarse con el cambio del modelo social.

El líder carismático de aires autoritarios antepone el ruido al diálogo, las *fake news* a rendir cuentas o informar de sus políticas. Las estrategias de distorsión son necesarias para llevar a término las misiones, ya que toda su aura se basa en su persona y en la ostentación de un poder natural que es ficticio, porque en realidad su fuerza deriva del apoyo popular. De la misma manera que puede ganar un Bolsonaro, unos años después pierde, y renace, en un país vecino, en un Milei. Estos líderes tienen mucha información a su alcance y mucho apoyo de las élites económicas mundiales para ir limando la retórica pública de los propios personajes. Figuras como Steve Bannon se encargan de proveer los datos necesarios para ir moldeando a los nuevos tiranos y, en paralelo, para ir cincelando la opinión pública. Bannon es la persona que ha estado a la sombra de políticos de extrema derecha como Donald Trump para modificar el comportamiento electoral a través de estrategias de publicidad altamente segmentada (*microtargeting*) y de la manipulación de la información en línea. Trabajó para el Frente Nacional de Francia, la Fidesz de Hungría, Alternativa para Alemania, los Demócratas de Suecia, el Partido para la Libertad de Holanda, la Lega Nord de Italia, el Partido Popular de Suiza, para Bolsonaro y para VOX, y estuvo detrás del escándalo de Cambridge

Analytica. El empresario fundó en Bruselas la agrupación The Movement para promover el euroescepticismo, el identitarismo, el liberalismo económico y, en general, el populismo de derechas por todo el continente europeo.

La democracia solo puede ser estable si tenemos una ética de igualdad y de respeto mutuo. Los liderazgos carismáticos prometen seguridad y futuro, identidades nacionales monolíticas, tradiciones incuestionables, fórmulas imperativas, no negociables, es decir, el «ordeno y mando» en un contexto de rabia y miedo, previamente ensalzados por los propios líderes conservadores. ¿Cuáles son las empresas interesadas en fomentar las desigualdades y ciertos estados de opinión? Los tiranos carismáticos son solo títeres del poder económico real, la fachada de una dominación que es, a la vez, legal y tradicional. Este escenario mediático –los protocolos o la «plástica del poder»– no tiene una finalidad en sí mismo, sino que es una herramienta altamente eficiente.

El poder carismático que rinde culto a la personalidad también lo encontramos en el entretenimiento. Los líderes del siglo XXI en un contexto de supuestas «democracias participativas» y, por lo tanto, de libertad de opinión, no son nada sin el dominio del código y de los medios. La mayoría de los influenciadores están siempre conectados con la audiencia a través de las plataformas sociales, trabajando 24/7, sujetos prometeicos de rendimiento extremo donde lo que prometen es su presencia, su estar ahí. Juegan, dan consejos, se muestran empáticos y felices, porque la empatía, la felicidad y la falsa intimidad son su capital simbólico. En la actual economía de la atención, está comprobado que es muy eficaz utilizar esta proximidad para fidelizar públicos. Lo que se les ofrece a los seguidores son experiencias y una interlocución con la estrella. A pesar de que muchas de estas cuentas de plataformas sociales estén gestionadas por profesionales, a veces el artista aparece o hace su comentario. Esto da a los seguidores la falsa promesa de vivir una especie de proximidad con la estrella. Pero el deseo funciona porque, precisamente, nunca se cumple, porque necesita un carácter diferido, insaciable. De ahí que esta proximidad sea la manifestación de nuevas lejanías. En el fondo, la base de esta comunicación es la asimetría. Solo desde esta asimetría es posible comunicarse con la masa y gestionarla. Están los que desean y están los que son deseados, están los que siguen y están los que son seguidos. Y es la envidia y el deseo lo que hace que volvamos al ídolo, que no nos conformemos con lo que tenemos, que nos refugiemos, cada noche, en el espejito mágico de la pantalla.

Si bien los líderes más seguidos masivamente deben tener alguna virtud identificable, hay otros que no tienen que tener demasiadas cualidades específicas. Saben hacer alguna cosa curiosa –no siempre identificable– en el momento preciso de la sensibilidad colectiva de la masa para darle las pequeñas descargas necesarias. La mayoría de estas personas son carne de plataformas sociales, de Instagram, pero sobre todo de TikTok, donde ofrecen un masaje neurológico momentáneo en la circularidad fúnebre de la economía de la atención. En el espacio de las plataformas, hay un montón de dadaístas involuntarios, creadores de gestos que morirán al cabo de unos meses o de pocas semanas, excéntricos de temporada, forjadores de memes. Es la «montaña mágica» digital, donde el histrionismo solo se cura con la aparición de otro histriónico que desvíe la atención de los seguidores del anterior. Recordemos las palabras de Mauss de hace un siglo para describir a los magos o prestidigitadores: «enfermos y extáticos, nerviosos y charlatanes». El ídolo extiende la mano, pide clics, es hipóstasis, icono efímero coronado en tiempo real. El público clica, pone el dedo en la llaga del ídolo, regala emoticonos como ofrenda, entonces, el gesto que esperábamos, el gesto de siempre, brota de nuevo. Es una iteración que reconforta. Es un juego sin transformación, con un éxtasis ansioso, intranquilo, donde el corazón se reduce a la cadena de producción de los mismos gestos y a una catarsis que nunca cambia. El ditirambo ha terminado, el fordismo llevado al extremo ha tomado su lugar, las Tiller Girls ya no son solo mercadería, sino también el brazo mecánico que convierte a los usuarios en producto.

Este uso concreto de la libertad en las plataformas solo puede entenderse desde el mito de una civilización eficiente y mágica a la vez, erigida sobre los rituales que funcionan como protocolos. El reconocimiento forma parte de los códigos de las plataformas sociales, pero de una forma tan intensa que podríamos decir que casi ha adquirido rango de protocolo. El reconocimiento en estos espacios es, por sí mismo, una ideología. En un artículo de 2006 titulado «El reconocimiento como ideología», Axel Honneth, siguiendo de alguna manera al teórico marxista Louis Althusser, parte de la tesis de que el reconocimiento social sirve como generador de actitudes conformes al sistema, en lugar de contribuir a la mejora de las condiciones de autonomía de los miembros de nuestra sociedad. Reconocer a alguien, dice Honneth, significa «incluirlo, en virtud de requerimientos repetidos y continuidades de forma ritualizada, exactamente en el tipo de autocomprensión que encaja adecuadamente en el sistema establecido de expectativas de comportamiento». De este modo, siguiendo el hilo de dicho artículo, surgen perfiles sociodemográficos como el tío Tom, la buena madre, el ama de casa, los soldados heroicos... que sirven complacientemente a la ideología dominante. Y podríamos añadir una larga lista de nuevos perfiles: el consejero empático, el multimillonario desprendido, la jovencita vengadora, las *trad wifes* (mujeres tradicionales antifeministas)... Pero, para que el reconocimiento tenga una función ideológica, según Honneth, no solo tiene que cumplir con las expectativas de comportamiento del presente, sino también responder al vocabulario evaluativo del momento y que dichas expectativas sean positivas, dignas de crédito, es decir, que den expresión a nuevos valores o capacidades específicas. En este sentido, Honneth habla del paso del trabajador que hace su trabajo por necesidad a aquel que lo hace respondiendo a una vocación y se inviste con las características del empresario (autónomo, creativo, flexible), pero sin la correspondiente compensación económica. La figura del influenciador ha llevado al extremo este perfil basado en el optimismo patológico, en la flexibilización y la desregulación de su trabajo y en la exposición pública permanente de sus emociones personales. Un trabajo que solo culmina cuando el reconocimiento público se cumple. Una vez reconocido, la maquinaria no se detiene, sino que el protocolo recuerda que es entonces cuando llega la fatalidad asignada al lugar del trabajo: la persona se convierte, a la vez, en ídolo y víctima, en sacerdote y carne sacrificada.

3

LOS PROTOCOLOS O EL MITO DE LA EFICIENCIA Y EL CONTROL

LA MODULACIÓN UNIVERSAL Y LA FORMACIÓN PERMANENTE

En «Post-scriptum sur les sociétés de contrôle» (1992), Gilles Deleuze habla de cómo los protocolos que sustentan la sociedad que ejerce el control a través de la información atentan contra la libertad de los cuerpos. El filósofo parte del hecho de que hemos pasado de una sociedad disciplinaria a una sociedad del control. En la sociedad disciplinaria, que Michel Foucault sitúa entre los siglos XVIII, XIX y la primera mitad del siglo XX, los individuos transitan de un espacio cerrado a otro sin interrupciones: de casa al colegio, a la fábrica, al hospital, a la prisión... Pero cada espacio mantiene su propia idiosincrasia, arquitectura y lógica. Según Deleuze, en la nueva era asistimos a una gran crisis institucional a manos de un sistema de control difuso gestionado por las corporaciones. Deleuze anticipa como problemas los principales ejes del capitalismo del siglo XXI: la tecnocracia irracional a manos de la informatización global, la relación entre la economía y los activos financieros, y el control biométrico. También augura algunos de los conceptos que más tarde desarrollará Zygmunt Bauman, como el de la «modernidad líquida», que Deleuze describe como «hacer surf».

Según el filósofo, el control se organiza a partir de sistemas numéricos que denomina «modulaciones» por oposición a los moldes (*molds*), es decir, a los recintos o espacios cerrados (*enclosures*) de la sociedad disciplinaria. La imagen que utiliza Deleuze es la de un molde que se deforma continuamente, como un colador de malla amorfo. La estrategia del control consiste en partir de incentivos, un tipo de estabilidad artificial que opere a través de retos, concursos y sesiones de grupo, que fomente la rivalidad como una fuerza motivacional y oponga a los individuos entre sí, dividiéndolos, atomizándolos. El trabajador de las corporaciones del control depende de todos estos retos y concursos. Todo esto nos recuerda las consideraciones que ya hemos comentado sobre la relación entre plataformas sociales, libertad de expresión, identidad individual y competición. Si en las sociedades disciplinarias se producía el doble fenómeno de la individualización y el de la masificación («cada oveja del rebaño» del poder pastoral, según Foucault), en la sociedad del control –dice Deleuze– lo importante es el código, la contraseña, los «dividuales» y las masas de muestras y datos. El sistema que describe Deleuze es el capitalismo financiero, de accionistas y operaciones de mercado, que sacan valor del *marketing* y de fijar o especular con el tipo de cambio más que de abaratar la producción; es decir: el capitalismo del hombre endeudado. Finalmente, imagina cómo sería una sociedad biométrica, con collares electrónicos, haciendo un ejercicio de imaginación radical a remolque de una historia de Félix Guattari, en la que la gente vive en vecindarios separados por barreras que se activan con unas tarjetas electrónicas que pueden ser rechazadas o desactivadas y donde el sistema informático hace el seguimiento de la posición de cada persona y de los efectos de «la modulación universal».

En la década de los noventa, Deleuze supo entrever que había un juego a nivel económico y tecnosocial, pero no porque dibujara el peor escenario posible en un mundo en el que la catástrofe era más probable, sino porque anticipaba elementos muy importantes del capitalismo orientado a los datos: la financiación de la economía y de las identidades, la deuda como un elemento esencial para la economía, la corporación como elemento vertebrador de la economía global, la modulación como una forma de explotación y control, la incidencia de la biometría como una herramienta de eficiencia en nombre del control, la individuación como un proceso de atomización que rompe el pacto social y convierte a los individuos en rivales, y la idea de que esta modulación es una estructura imprescindible para el neurocapitalismo.[37] Finalmente, acuñó el concepto «formación permanente», que tan bien ilustra nuestra situación actual.

Deleuze ponía énfasis en la cuestión del fomento de la rivalidad entre la población como una manera de control difuso. La rivalidad se justifica a través de la meritocracia. Cuando la corporación sustituye la escuela, entonces –dice Deleuze–, el *perpetual training* (la «formación permanente») se instaura como el modelo educativo principal, con su control continuo. Pero esto apunta al hecho de que, si bien en la sociedad disciplinaria el individuo siempre empezaba de nuevo cada vez que entraba en una institución nueva (la escuela, la fábrica...), en la sociedad

---

37. Término que acuñaron Ewa Hess y Hennric Joekeit en 2010 en el magazín *Eurozine* y que fue compartido en portales como Open Democracy o el Einstein Forums. Deleuze no habla de neurocapitalismo, pero describe un tipo de capitalismo que encaja con este concepto tan actual.

del control el individuo no acaba nunca nada, todo coexiste al mismo tiempo en la misma modulación, como un «sistema universal de deformación». Deleuze ilustra todo esto con *El proceso* de Kafka, una obra literaria capaz de acoplar dos tipos antagónicos de formación: «la absolución aparente» de las sociedades disciplinarias, que gestionan el encarcelamiento y la liberación del individuo, y «el aplazamiento» de las sociedades del control. Si Deleuze actualizaba a Kafka, Mark Fisher convoca a Kafka y Deleuze al mismo tiempo. En el influyente libro *Realismo capitalista*,[38] Fisher tiene mucho en cuenta el breve texto de Deleuze; de hecho, lo que hace es comentarlo y apropiarse de su concepto kafkiano. Fisher vuelve a la distinción entre la absolución aparente y el aplazamiento ilimitado que Deleuze mencionaba citando a Kafka. En *El proceso* se proponen tres absoluciones; a las dos que acabamos de mencionar habría que sumar la absolución real, pero esta –dice Fisher– ya no es posible. Fisher y Deleuze están de acuerdo en que las sociedades de control funcionan a través del aplazamiento indefinido o ilimitado. Fisher lleva a cabo la proeza de unir el concepto de formación permanente con el de aplazamiento ilimitado y de poner ejemplos que nos resultan muy familiares como el de la pérdida de límites entre el ámbito privado y el del trabajo, esa disolución de fronteras entre educación, trabajo, familia o intimidad. Una pérdida de perímetro que el confinamiento del covid culminó. El trabajador que va por libre (*freelance*), de hecho, es el menos libre de todos los trabajadores. La generación Z y la milenial han retrasado la maternidad, la estabilización laboral

---

38. Mark Fisher, *Capitalist Realism* (2009); *Realismo capitalista*. Buenos Aires: Caja Negra, 2016.

no llega, las pruebas de evaluación son continuas, y la promesa de un puesto de trabajo fijo se ha vuelto una quimera. Por todo esto, convertirse en funcionario público ha acabado siendo una salida laboral común, ya sea para aquellos que velan, vocacionalmente, por acatar el orden público; ya sea para aquellos jóvenes que no confían en la meritocracia; ya sea para aquellos que quieren seguir proyectando un mundo más justo con la tranquilidad del sueldo a final de mes. Por otro lado, en el sector público imperan los cursos de formación en tareas vinculadas a la automatización del trabajo y a la legitimación de la propia institución. La formación permanente entiende al individuo como un *software* que es necesario ir actualizando. La actualización no hace visibles las competencias de la persona que se forma, sino que sirve para certificar el propio protocolo institucional. Una de las consecuencias de este contexto es lo que Fisher denomina la «policía interna» propia de una sociedad de adictos al control. El formato del concurso solo es una variable más de este contexto social.

LA CULTURA DEL *CASTING*

> *Even the greatest stars change themselves in the looking glass.*
> «The Hall of Mirrors», KRAFTWERK

El sistema nervioso de la máquina cultural está formado por todo el conjunto de pruebas, retos y concursos, públicos y privados, en los que participamos cada día. Se trata de un espectáculo de cariz sadomasoquista, un *casting* sin fin que tiene lugar en la plataforma para ligar, como en el confesionario digital, en las tiendas, en los espacios de la cultura, en las mejores familias, en las entrevistas de trabajo o en las impacientes empresas del capitalismo de plataforma. El *casting* se aplica tanto al espectáculo y al ecosistema mediático como al ámbito de la educación, del trabajo o de la familia. Se trata del sustrato de una cultura basada en pruebas de evaluación, juicio y superación permanente, como una estrategia de fachada meritocrática que, en realidad, funciona como un mecanismo de presión individual y social.

La profesora José Van Dijck ha estudiado la «performatividad de la identidad» en espacios como Facebook o LinkedIn. Según Van Dijck LinkedIn es más profesional y está más masculinizada que Facebook y se aprovecha tanto de la lógica narrativa como de los análisis de las bases de datos. La plataforma permite al usuario saber quién ha mirado su perfil, de tal manera que las relaciones interesadas, el deseo como motor y la seducción como *performance* forman parte de la idiosincrasia de la plataforma. También está equipada con un sistema de recomendaciones de gente que quizá conozcas, de tal manera que la aplicación hace funciones de Celestina, selecciona objetos de deseo, personas con perfiles y rangos sociales similares y los dispone en la bandeja de la *timeline*. La diferencia entre la gente que puedes conocer y la que deberías conocer no está clara. ¿Quién lo dictamina? El algoritmo hace de prescriptor, confirma la coincidencia (*match*). ¿Cuál es el criterio? Imposible saberlo. El artículo hace una periodización interesante de las plataformas. Apunta un primer momento que va de 2002 a 2010 y que es el de los «espacios comunitarios y la conexión». Una segunda época, a partir de 2010, correspondería al «giro conectivo», aquel que contempla la monetización de la conectividad a partir de los datos y en el que las herramientas de la narrativa de marca personal (*storytelling*) pasan a aplicarse al ámbito profesional. Esta segunda etapa hace indistinguibles la expresión personal y la autopromoción.

Esta cultura del *casting* actualiza las antiguas historias del patito feo, premia el poder carismático, la predestinación personal y la construcción de personajes. El *casting* genera y normaliza unas dinámicas de castigo y recompensa, violenta los cuerpos y el ánimo. Y siempre hay en él implícita la pregunta sobre el sacrificio que estamos dispuestos a hacer, un sacrificio que forma parte del clima moral de una época y dibuja el silenciado contrato social que hace funcionar la máquina cultural.

La inteligencia artificial que utiliza la plataforma HireVue analiza minuciosamente el rostro. En media hora, y mediante seis preguntas, es capaz de almacenar más de medio millón de datos sobre cualquiera de nosotros. Intercepta tanto las idioteces como las respuestas memorizadas o los niveles anormales de contacto visual; el tono con el que respondemos, nuestras vacilaciones y, por lo tanto, nuestras inseguridades, los temores y las frustraciones. En definitiva, nuestra ineptitud. Estos datos se remiten a un sistema de puntuación. El objetivo de HireVue es priorizar a los mejores candidatos y ahorrar tiempo a las empresas a la hora de contratar trabajadores. Con esta tecnología ya se han hecho millones de entrevistas de tal manera que, desde un punto de vista irónico, sale más a cuenta estudiar teatro que otras profesiones. Su página web está equipada con datos y estadísticas de todo tipo que certifican su validez. La inteligencia artificial y sus protocolos informáticos, junto con la estadística como ciencia, determinan nuestro futuro laboral.

El *casting* nos sitúa en la condición de rival eterno; de hecho, hace de la rivalidad un motor social. Al mismo tiempo, brinda a los que lo miran, pero que no participan, una superioridad moral; y también una impresión de juego imprevisible, un reto mínimo que mantiene el cerebro atento a la situación. De ahí que muchos contenidos culturales tengan forma de concurso con todo tipo de herramientas participativas. En las redes sociales, hace pocos años se impuso un género audiovisual, conocido como *challenge*, que invitaba a imitar un gesto reproducido en un vídeo. El *challenge* es un reto individual, pero también tiene carácter de duelo, de provocación hacia otro. La autosuperación se supedita a las ansias de pasar por encima del otro y al magnetismo incuestionable de la recepción colectiva, ya que el señuelo de estos desafíos es que se vuelven virales, que llegan a una enorme masa de gente. Sentimos que formamos parte de algo, aunque esa cosa sea el cuerpo amorfo de la masa invisible que da sentido al juego. Algunos de estos retos atentan contra el sentido común; otros, directamente contra la salud, aunque también hay algunos inocuos. Actualmente encontramos una gran cantidad de aplicaciones para hacer tests o juegos en línea participativos con finalidades teóricamente educativas en la dinámica del Kahoot, siguiendo la máxima de aprender jugando o, mejor dicho, ganando.

Con la popularización de las redes sociales y del vídeo en línea, las estrategias metanarrativas, que permiten imprimir momentos de verdad documental en las obras videográficas, se filtran tanto en las producciones *amateurs* como en las profesionales. Son vídeos en los que la importancia radica más en el personaje que en el contenido en sí mismo, como una estrategia para captar la atención y la confianza de los espectadores. Estos tipos de plataformas invitan a la creación de una línea de contenidos en la que se trata de construir una imagen de marca centrada en la persona. Se revaloriza así el capital simbólico del autor y su poder carismático, desde su fisonomía, dicción, vestimenta, objetos que lo rodean...

Es este el contexto en el que se ha extendido la idea de *casting* como elemento narrativo. Pero, más allá de la construcción del personaje, es imprescindible la validación de la masa de seguidores para que la imagen de marca siga ejerciendo su magnetismo y se mantenga intacta. Porque de esto se trata: que el personaje no evolucione, que siempre sea el mismo. Y que, de vez en cuando, sorprenda, ya sea como una propuesta del departamento de *marketing* de las empresas que lo patrocinan, ya sea por iniciativa propia. Un cambio ligero, controlado, porque la industria del espectáculo siempre ofrece la satisfactoria insatisfacción de aquello que siempre es igual, que el espectador es capaz de reconocer. En el caso de que haya un cambio brusco de imagen o de contenidos, el *marketing*, la prensa y las estrategias de comunicación abonarán el terreno para que dicho cambio sea no solo aceptado por la mayoría, sino presentado como un truco de magia, como una transformación genial y necesaria.

En la cultura del *casting* se utiliza la apariencia del rostro y del cuerpo como herramienta principal, y esta siempre va acompañada de la escenificación de un juicio, ya sea en forma de jurado popular o de lista de comentarios y valoraciones. En el ámbito televisivo esta puesta en escena tiene diferentes modalidades: el énfasis en la presentación de personajes (*First Dates, Cambio radical, The Game of Clones...*), la incorporación de procesos de *casting* (*Operación triunfo*, *Masterchef*...) o la presencia, en la mayoría de los concursos de talento, de un jurado experto (*Got Talent*, *La Voz*, *Tierra de talento*, *Joc de cartes*...). *Operación triunfo* descubrió que, aparte de las actuaciones estelares y el aprendizaje en la academia, lo que realmente funcionaba era todo el proceso de *casting* de los elegidos.

En un contexto de posverdad y ruido mediático de alto voltaje, este recurso tiene una gran relevancia y un enorme calado social por diferentes motivos. Es un formato de síntesis en un contexto de pobreza temporal, ya que hace de las primeras impresiones una bandera. También recupera el viejo precepto de considerar el rostro como el espejo del alma, como si ese rostro pudiera incubar un principio de verdad. Las narrativas de «primer acto» basadas en la presentación de personajes funcionan como una gratificación momentánea y necesaria, son un espacio de proyección narrativa y vital. La presentación de personajes es un momento revelador de cualquier historia en el que el lector o el espectador se forma una idea y proyecta una serie de expectativas, es el instante de las promesas y de las sorpresas. Por ello funcionan tan bien las redes masivas (Instagram, Tinder...), porque se goza de una lista innumerable de posibles protagonistas de nuestras vidas: un catálogo de rostros, una generosa porción de crédito narrativo, un libro de caras (*face book*) siempre renovables.

En la cultura del *casting* el yo se construye como personaje –un fenómeno del que ya habló Erving Goffman en *La presentación de la persona en la vida cotidiana*, en 1956–, pero con muchas más posibilidades y combinatorias. La estética y la cosmética digital imprimen una nueva concepción del yo a través de identidades cambiantes y artificiales. La gente se aplica el proceso de *casting* a sí misma haciendo de la vida cotidiana un terreno para la experimentación formal donde ya no se trata de ser mejores, sino de ser siempre diferentes.

Uno de los relatos más celebrados de la cultura del *casting* es el del argumento universal del patito feo, la historia para niños escrita por Hans Christian Andersen en la que un patito es maltratado por su apariencia física hasta que se convierte en un precioso cisne. El cuento habla más de la importancia de pertenecer a un grupo (ya que el patito no es un patito, sino un cisne, por ello es diferente a sus supuestos hermanos), que de la posibilidad de convertirse en una cosa bonita y perfecta y basar la felicidad en este cambio, aunque sea a golpes. Esta segunda interpretación es la más extendida, vinculada con el cuento popular de «La Cenicienta», en el que la protagonista es capaz de convertirse en una joven bella debidamente engalanada que se infiltra en una clase social más sofisticada gracias a un hada. Los *castings* muestran este proceso de transformación milagrosa que lleva a alguien vulgar y anónimo a convertirse en miembro destacado de la sociedad. El ritual que se activa es el clásico «antes y después» que la publicidad vende a través del consumo de productos y que podemos ver en todos los concursos en los que se trata de seguir la evolución de los personajes a medida que van aprendiendo el oficio de *starlette*. En estos procesos de transformación el protagonista asume un reto de superación personal. La mayoría son relatos protagonizados por hombres y mujeres corrientes, con vidas anónimas, falta de atributos y un hablar profano. Se trata de la escenificación del falaz «podrías ser tú», que hace que en el espectador se active, a partes iguales, la proyección narcisista, la admiración voyerista y la envidia social. A efectos prácticos, nuestras vidas están más cerca de «La pequeña vendedora de cerillas» de Andersen, que muere de frío mientras mira, a través de las ventanas, la copiosidad y felicidad ajena, que de «La Cenicienta», a pesar de que cada Navidad sigamos haciendo cola en las administraciones de lotería.

Sin embargo, estos relatos también escenifican un itinerario vital que se basa en la pérdida de la inocencia, es decir, en la asunción de un rol narrativo que puede acabar destrozando al protagonista. La clásica estrella caída (*falling star*) la encontramos explicada en películas como *Maps to the Stars* (2014) o *Amy* (2015), sobre la trayectoria y desaparición de Amy Winehouse; o todavía es más perceptible en la pieza de *marketing*, maquillada de documental, *Gaga: Five Foot Two* (2017), que hace del argumento de la *falling star* un pretexto para mostrar la grandeza y el anhelo de superación de la protagonista, a cuya sombra se reconocen los referentes de Marilyn Monroe, Judy Garland, Liza Minnelli o Madonna. Se trata de una desmitificación del personaje que genera un nuevo proceso de mitificación. La mayoría de estos documentales intentan humanizar a la protagonista, sacarla del artificio del espectáculo para mostrar sus puntos débiles y los momentos frágiles de sus carreras con el objetivo de encontrar un nuevo desenlace con su esperada resurrección y una empatía coral ante tanto «sacrificio».

Al argumento universal de la resurrección de la estrella sería necesario añadir el mito de la predestinación. Este elemento, vinculado con la utopía consumista, es un rasgo recurrente en las plataformas sociales. Max Weber recordaba que el poder carismático se fundamenta en una legitimidad adquirida por designación, pero este proceso de designación no es libre, sino que está vinculado a un derecho. La realeza o los cargos religiosos serían un ejemplo claro de ello. Estas designaciones interesadas se maquillan con un arsenal de propaganda para intentar transmitir una idea de predestinación individual, de ser el escogido. Es aquello del «está escrito», cuando la palabra se convierte en ley («palabra de…») y, por lo tanto, un destino inequívoco. Las biografías de los individuos acaban de construir el relato: infancias en las que ya se apuntaban maneras; episodios reveladores en los que, como en el poso del café, podía leerse su futura nómina y sus inigualables habilidades artísticas.

Finalmente, estarían los rituales, que justifican la creación y la entronización del personaje, unos rituales de paso en los que el cuerpo muda para dar lugar al nuevo nacido y empezar un nuevo ciclo de triunfo y dominación simbólica. Los idólatras, el pueblo, aplauden el espectáculo, que es un señuelo de la servidumbre voluntaria. Weber observa que el poder carismático suele caer en la rutina, en la tradición y en la dinámica legislativa. Podría parecer que esto hace entrar en crisis la idea de predestinación, pero no es así. Hay una explicación rutinaria del ritual de paso para así mantener el orden establecido de la máquina cultural y, al mismo tiempo, la expectación y los encantamientos colectivos que la sostienen. En este sentido, la predestinación se convierte en una convención, y funciona, el milagro no se agota.

A la importancia del rostro en el proceso de *casting*, es necesario añadir la relevancia del comentario, que se manifiesta en la posibilidad que tiene el público o un jurado de emitir un juicio popular sobre los personajes, pulgar arriba y pulgar abajo, como en el circo romano, un veredicto en tiempo real. Un *casting* es violento, asimétrico y cosifica, incluso si los familiares y acompañantes están esperando en un rincón del plató para activar las lágrimas y unas emociones puestas al servicio de la audiencia; incluso si el jurado te regala una segunda oportunidad. No violentan el cuerpo, sino el ánimo, la psique, los nervios. No es necesario que los obliguen a hacer cosas indeseables para sentirse humillados, basta recordarles que carecen de aquel documento imprescindible, o que la concursante es demasiado poca cosa o que tiene, al fin y al cabo, poca gracia. Esta nimiedad lo hace todo más árido, ni siquiera el rechazo acaba siendo memorable. Tampoco consuela cuando invitan a la estrella de la primera edición del concurso o de la edición anterior, que aparece triunfal con todas las galas, porque goza no solo del éxito, sino de la superioridad moral que le otorga el hecho de haber superado la prueba del juicio. Así, al final del proceso, el participante queda agotado, sin ningún valor evidente, con la única proeza manifiesta de haber aceptado formar parte de aquel sacrificio. Hay una violencia implícita en el hecho de emular un juicio público en el que la justicia es sustituida por la *performance*; si es elegido, sale victorioso; si no, condenado. Estos procedimientos convierten la complejidad de una vida en una hoja de ruta y, cuando no, en un rol o en una imagen de marca que puede caer en desgracia o en gracia, según las «proezas» del azar. El *casting* es trágico porque tiene la misma estructura de las tragedias: los conflictos se solapan hasta la muerte final del protagonista. Para el vencedor, la muerte no se manifiesta, se da de forma progresiva, más adelante, en diferido, cuando los nuevos vencedores de las siguientes ediciones del programa van borrando el rastro de sus antiguas gestas y victorias.

La violencia también se pone de manifiesto en la jerarquía: el que entrevista tiene el dominio del relato. La persona que es mirada es cosificada por la persona que mira, tal como lo explicaba de manera brillante John Berger en *Modos de ver* (1972) al analizar el género pictórico del desnudo. La jerarquía se fundamenta en la explotación de la vulnerabilidad, la necesidad y las expectativas de los participantes. En los jurados de estos programas siempre hay un individuo que se dedica a maltratar a los aspirantes, es su papel, como si se hubiera normalizado que el abuso forma parte de la razón de ser de estas situaciones. En formatos posteriores al movimiento MeToo, la figura de los jurados se ha ablandado y se valora más la empatía que las ganas de mortificar a los concursantes y fomentar las rivalidades entre ellos. Esto también es así porque el formato se dirige a toda la familia en un contexto en el que la vulnerabilidad, la fragilidad y los cuidados forman parte del consenso social, pero también porque los públicos objetivos de estos programas se han rejuvenecido mucho.

A este proceso tenemos que sumar el fenómeno de las auditorías populares en el espectáculo cotidiano de las redes sociales. Por su diseño, las interfaces de estas plataformas han acostumbrado a sus usuarios a ser auditores permanentes de la vida de los demás. El «visto» y el «me gusta» se convierten en mecanismos de reclutamiento, aprobación, validación social o de castigo ejemplar, culminan las aspiraciones personales en la gran fábrica social del comportamiento donde los seguidores (*followers*) y los odiadores (*haters*) desempeñan un papel destacado. ¿Qué estamos dispuestos a hacer para conseguir visibilidad en el *casting* masivo, conectado, cotidiano de las plataformas sociales? ¿Cuál es la ficción que queremos protagonizar? ¿Cómo nos relacionamos con los papeles secundarios para perfilar mejor nuestro lugar en la trama? ¿Cuál será nuestro umbral de dolor social cuando empiecen a castigarnos a medida que nuestra visibilidad pública aumente?

LA ERA DEL PROTOCOLO

¿Os postráis, millones?

FRIEDRICH NIETZSCHE,
El nacimiento de la tragedia

En 2020, con el confinamiento global que provocó el COVID-19, el espectador cultural cambió de hábitos. En los platós de la televisión, desapareció el público, dejando las sillas de los aplausos vacías, en una especie de «detroitismo cultural»,[39] de alucinación colectiva. En *Operación triunfo* incorporaron al escenario a un público virtual. Formatos televisivos de origen anglosajón como los *late-night shows* o los *talent shows* no pueden entenderse sin su público, sin los decibelios de los aplausos que validan no solo el espectáculo, sino su propia figura de espectadores como grupo identificable.

Durante el confinamiento, buena parte de los intercambios y manifestaciones culturales se trasladaron a internet. Travis Scott decidió estrenar nuevo disco actuando en el videojuego en

---

39. El «detroitismo» es un término que se ha utilizado a partir de la imagen que pudo verse de Detroit durante la crisis de 2008-2012, cuando la población y la propia ciudad quedaron arruinadas. Se usa para describir tanto el fetichismo por los paisajes urbanos en ruinas como para simbolizar una situación de deterioro urbanístico.

línea *Fortnite* y reunió a doce millones de personas. No hay ningún estadio capaz de contener una masa de estas dimensiones. Pero el cuerpo confinado no puede experimentar la descarga de la masa de cuerpo presente, ese momento catártico en el que sentimos que formamos parte de un cuerpo mayor, la sensación de disolverse en el grupo, de dejar de pertenecer a nuestra estricta individualidad; ese momento en el que ya no nos preocupa nuestra producción de identidad, sino simplemente estar compartiendo un ritual de desmembramiento y reensamblaje. El fenómeno se aproxima, así, a la fiesta dionisíaca, a la embriaguez colectiva –que tan bien supo captar Nietzsche–, al olvido de sí mismo en pro de la integración del yo como obra de arte colectiva. Pero en el ditirambo dionisíaco, la clave no es solo la intensidad sensorial, sino también lo que Nietzsche denomina la «intensificación máxima de todas sus capacidades simbólicas». Sería necesario preguntarse a qué capacidades simbólicas se dirigen todos estos espectáculos, si la excitación obtenida apunta solo a los sentidos, al sentimentalismo transitorio o, por otro lado, también al deseo y a la transformación, aquel que pasa por el cuerpo, el intelecto y el alma, una animosidad que va más allá del componente estrictamente individual. Y también habría que preguntarse qué capacidades simbólicas despiertan los mitos o los relatos de la tecnoesfera pública actual.

Entre 2017 y 2019 el descontento social llegó a todas partes, la fatiga era notoria. La gente salió a la calle: el MeToo se extendía, las manifestaciones de Extinction Rebellion, las revueltas en Hong Kong contra la Ley de extradición, las revueltas de la juventud chilena contra la subida de los precios del transporte público, en Indonesia… En el Líbano se vivía la «revolución del WhatsApp» y en Cataluña el «tsunami democrático». Pero al cabo de unos meses, la pandemia del COVID-19 confinaba a la población mundial, desmovilizaba todas esas protestas y nos dejaba con las pantallas y una internet basada en las plataformas sociales como única vía de comunicación con los otros. Durante unos meses esa incomunicación se convirtió en nuestro mundo. El filósofo Giorgio Agamben, en el artículo «La invención de la epidemia» publicado tres semanas antes del confinamiento, decía que lo único que implicaba el miedo al contagio era una pérdida de libertades. Según datos del Mass Mobilization Project de Harvard, si en la década pasada el 42 % de las protestas tuvieron éxito con sus reivindicaciones, en el periodo 2020-2021 solo un 8 % lo consiguieron. Después de la pandemia y de la expansión de la violencia institucional, quedó herida la movilización social. Algunos la han convertido en rabia, otros en pragmatismo; muchos lo han vivido dejándose los nervios y la salud mental. Avezados en el cumplimiento de los protocolos, la rigidez formal también se aplicó al ocio. Hay que recordar el «desconfinamiento escalonado» como modelo de éxito en la regimentación de los cuerpos a manos del poder público. Todo esto se ha traducido en un ejército de deportistas con un desaforado culto al cuerpo y una legión de terapeutas y terapias de todo tipo. Como quien hace un ritual de depuración después de un periodo de intoxicación, pero a base de órdenes, de entrenamientos precisos y metas saludables.

El covid ha tenido un efecto muy nocivo en la relación entre cultura y comunidades. Según el Global Risk Report de 2022, desde la pandemia la erosión de la cohesión social ha empeorado a escala mundial. La relatora especial sobre los derechos culturales de la ONU, Karima Bennoune, señalaba, durante el covid, que ante las actuales crisis sanitarias y económicas, la humanidad se enfrenta a una posible catástrofe cultural mundial si no se adoptan las medidas necesarias. Y ponía énfasis en la interdependencia de todos los derechos humanos y la recuperación de los principios de solidaridad, cooperación, inversión y apoyo. Lo que el covid impuso como modelo en el ámbito comunitario fue la predominancia de unos protocolos basados en la ingeniería social, la militarización temporal de los municipios, la preeminencia de las estructuras burocráticas, la incorporación de aplicaciones de seguimiento y de rastreo, la aparición de la «distancia social» como concepto, el retorno de la disciplina social, la bulimia audiovisual y la naturalización de la revolución domótica,[40] es decir, la restricción de libertades o su sustitución por paliativos tecnológicos vinculados con el entretenimiento, el autocontrol y la vigilancia del otro.

■

Soñar con una casa es el *summum* de la experiencia moderna. La casa es uno de los elementos antropológicos más inabarcable que existe. Lugar de proyección de los terrores de la infancia, de los vértigos de la existencia, espacio de lo prohibido y lugar de la imaginación radical. Pero también es el lugar de los roles familiares, de género, de las luchas de clase, de las deserciones morales, sociales, espirituales... y de la precariedad. La casa es necesidad y misterio. Con el confinamiento, la casa se convirtió

---

40. Los asistentes de voz como Alexa se convirtieron en los artefactos más vendidos durante la pandemia.

en otra cosa: una caja de sorpresas, pero también un lugar de nuevos conflictos. El coronavirus, al encerrarnos en nuestra propia contingencia, nos devolvió a la pertenencia a una clase determinada, y también a un tipo de paredes, ventanas y objetos. Estos, y no otros, se convirtieron en nuestra compañía. Entonces empezamos a tener la sensación de que seguíamos a la intemperie, neutralizados, habiendo perdido las convenciones y la libertad a partes iguales. Como no sabíamos qué pasaría, los responsables políticos trabajaban en «diferentes escenarios» y «nuevos protocolos». Esta nomenclatura nos aproximaba más al espectáculo, al simulacro y a la prospectiva, en lugar de a los hechos. Los ciudadanos no teníamos acceso a dichos escenarios de la imaginación política que podían ir desde el mal menor hasta el desastre absoluto. Con el confinamiento de millones de personas, la incertidumbre se instaló en el corazón del *irrealismo* mediático. Un irrealismo en el sentido en el que lo describía el filósofo Nelson Goodman cuando anunciaba que vivimos en un mundo hecho de versiones en el que no hay ninguna que acabe coincidiendo del todo con la nuestra. El hecho de que el conflicto fuera irrepresentable y se delegara a los datos como único indicador, aumentó esta sensación. Cuanto más énfasis ponían los políticos en la «disciplina social» y en los eslóganes de campaña, más abstracto y teatral se mostraba el poder y más abandonada se sentía la gente. La aflicción tomaba cuerpo en aquella insignificante y provisional versión del mundo.

El 14 de marzo de 2020 se decretó en España el estado de alarma que dejaría encerradas en casa a cuarenta millones de personas, como mínimo, durante tres meses. Si el confinamiento nos dio una sensación de irrealidad incuestionable, los meses siguientes de desconfinamiento escalonado fueron delirantes. Todos seguíamos las instrucciones sin preguntarnos el porqué. El protocolo sanitario insistía en el arresto domiciliario, en las mascarillas, y, desde casa, las familias improvisaban formas de supervivencia diversas. De alguna manera, el confinamiento, a pesar de acuñar el término y la práctica del distanciamiento social, subrayó la desaparición de esta distancia entre los unos y los otros en la medida en que todo el planeta estaba viviendo, en tiempo real, un mismo problema. Incluso los grandes cruceros, que siempre han ostentado una autonomía prepotente y ridícula, una memoria cultural de un pasado colonizador, se mantenían precintados en los puertos, como una ruina futura.

El estado de alarma se convirtió en un campo de maniobras disciplinarias, una parada de la vida en el espacio público. Esto hizo aumentar el capitalismo de plataforma y, con él, sus contradicciones. A mediados de abril de 2020, Amazon contrató cien mil trabajadores nuevos. Un mes después del primer confinamiento, se estimaba que YouTube (Google) había crecido un 75 % en audiencia y que la plataforma ya superaba los dos mil millones de espectadores mensuales. En Europa empezó a operar Disney+, con una salida de cincuenta y cuatro millones de suscriptores. A finales de abril Netflix había aumentado en quince millones el número de sus suscriptores, alcanzando la cifra de ciento ochenta y dos millones y setecientos nueve millones de euros de beneficios el primer trimestre. Desde el final de la pandemia se han despedido a más de sesenta mil trabajadores en el ámbito de las tecnológicas, que han ido automatizando buena parte de sus servicios. Toda la gula audiovisual que se vivió durante el confinamiento ha generado nuevos hábitos. Las horas que se invierten en plataformas de contenidos audiovisuales y en las plataformas sociales han crecido un 250-300 %. Estos son solo algunos ejemplos de los resultados de los cambios de patrones culturales fruto del aislamiento social.[41]

En uno de los volúmenes de *Historia de la vida privada* se explica que con el paso del siglo XIX al XX se manifiesta un deseo extraordinario de integración y dominación del mundo a través de la casa. Y también que, gracias al desarrollo técnico del teléfono y la electricidad, se empieza a pensar en la incorporación del trabajo a domicilio para todos. En su texto, Gérard Vincent señala que a lo largo del siglo XX los obreros que trabajaban en casa tendían a desaparecer, incluso los jornaleros sin un patrón único que abandonaban su hogar para ir a trabajar alternativamente a un trabajo u otro, lo que hoy serían los autónomos. Se trataba, como pasa ahora, de trabajos mal pagados y de trabajos de muchísimas horas. En este mismo capítulo, escrito en 1990, Vincent observa que el trabajo a domicilio es un fenómeno residual, marginal y se pregunta: «¿Cómo se podría aceptar hoy en día trabajar para otros en la propia casa, si ni tan siquiera se acepta trabajar para uno mismo?». Actualmente, las externalizaciones, los autónomos y los que hacen teletrabajo (forzado o voluntario, como los denominados «nómadas digitales» o «expatriados digitales») han aumentado enormemente.

---

41. A esto deberíamos añadir la situación de monopolio que estas empresas tienen en Estados Unidos, ya que, según apuntaba Edward Snowden en 2019, el 90 % de internet es norteamericano, tanto en lo relativo al *software* (Microsoft, Google, Oracle) como al *hardware* (HP, Apple, Bell), a los chips (Intel, Qualcomm), a los módems (Cisco, Juniper), a la web y al correo electrónico, a las redes sociales y al almacenamiento (Google, Facebook y Amazon, que tiene el 42 % de los servicios en la nube).

Con la pandemia se popularizó el teletrabajo, en parte gracias a las plataformas que tenían disponible todo un paquete de oficina virtual, como fue el caso de Google (Suite, 2016, Workspace, 2021) o Microsoft (Teams, 2019). Precisamente, estos servicios de las plataformas se habían desarrollado poco antes de la pandemia. También por aquellas fechas se dio a conocer la aplicación Zoom (2011), que, durante el confinamiento, pasó de diez millones de usuarios a trescientos millones. El uso de Zoom ha sido prohibido en algunos países por los riesgos que comporta a nivel de seguridad y privacidad.[42] En aquel momento, el trabajo se hizo virtual sin cambiar la manera de organizarse. El teletrabajo permite rendir más, pero elimina toda la dimensión social, es decir, aquel aspecto que nos aleja del automatismo, de la consideración del cuerpo como máquina. Con el teletrabajo se creó un nuevo mito, el de la certeza de la propia inmediatez, de estar conectados como una forma de asistencia difusa, así como la consideración de las relaciones informales derivadas del contexto presencial del trabajo como factores adversos para el rendimiento.

Donde antes había paredes, mobiliario y personas, ahora se instalan pantallas a todas horas y la «fatiga del zoom». Este cansancio ha sido descrito suficientemente. En su último libro, *Atascados en las plataformas* (2023), Geert Lovink habla de este amodorramiento provocado por el abuso de las pantallas conectadas y menciona el aumento de masa corporal, la pérdida de tiempo, el videovértigo y toda una sintomatología como

---

42. En noviembre de 2020, la compañía admitió ante la Comisión Federal del Comercio de Estados Unidos que desde 2016 había instalado programas en los aparatos de los usuarios.

consecuencia de la adicción que provoca internet. Lovink nos recuerda que esta «fatiga del zoom» se debe a factores neuronales, porque el cerebro quiere compensar la falta de señales de comunicación no verbal de todo el cuerpo, o la sensación de autoconciencia constante basada en el hecho de verse siempre a uno mismo también en pantalla, hecho que provoca una disonancia cognitiva;[43] a estos factores tendríamos que añadir el hecho de que es un entorno diseñado para la multitarea, lo cual afecta a la concentración y a la atención.

Con el confinamiento, la educación también pasó a hacerse a distancia. La situación era la de un montón de pantallas oscuras y alguien que hablaba solo con un silencio ensordecedor como respuesta al otro lado. Hablar solo hace que pierdas el marco de mediación necesario para que se produzca una situación de comunicación exitosa.

La pantalla invita a acciones conectivas. Su capacidad agregativa hace que el amor, la amistad o el conocimiento a distancia se puedan confundir con una tarea más a ejecutar, mera operación sintáctica. El trabajo virtual nos acerca un poco a los autómatas que responden a pautas de acción concretas. La pantalla se convierte en un muro de prudencia y autorrepresión que favorece el consenso a la fuerza y la prevalencia del punto de vista de quien tiene más ancho de banda, a pesar de que el diseño de estas interfaces emule una asamblea pública. Nos encontramos ante la subordinación de la vida al protocolo, ya que esta nueva disposición virtual de los elementos requiere nuevos

---

43. Según Lovink, hablar al vacío pone en marcha las glándulas de la adrenalina, algo que no sucede cuando se habla delante del espejo.

mecanismos de control. La posibilidad de hacer callar a algún miembro silenciando su micrófono es uno de dichos mecanismos, por no hablar de lo fácil que resulta rastrear el identificador virtual de cada estación informática.

El bien común, si no se corresponde con el interés general, se confunde con los intereses particulares. La «googleización» de los colegios se hizo efectiva. Esto ha implicado, no solo aumentar la brecha digital, sino también el analfabetismo digital, ya que el paquete educativo de Google vende una usabilidad fácil a cambio de usuarios, y un control difuso, dado que los usuarios son transformados en datos continuos en el tiempo, obteniendo así información de calidad para la empresa: largos historiales de futuros ciudadanos de pleno derecho y con una libertad condicionada, cuya condición se manifestará más adelante con un impacto que todavía no sabemos.

EFICIENCIA Y PROTOCOLOS

> Los medios de comunicación nos obligan a pensar menos en emisores y receptores y más en canales y protocolos. Menos sobre codificación y descodificación y más sobre el contexto y el entorno. Menos sobre la escritura y la lectura y más sobre las estructuras de interacción.
>
> ALEX GALLOWAY, EUGENE THACKER, MCKENZIE WARK, *Excommunication*

Sin saberlo, Deleuze se adelantaba casi treinta años al debate sobre la identidad digital única y el capitalismo orientado a los datos o el *data-driven capitalism*.[44] También se anticipaba al sistema de crédito social chino, a las aplicaciones de rastreo con el objetivo de erradicar la pandemia, y a todas las herramientas que el covid ha normalizado, como los drones policiales, las cámaras térmicas o artefactos equipados con sensores para el espacio público. Andy Tatem, de la Southampton University, capitaneó un proyecto de investigación, financiado por Estados Unidos y China, para el cual utilizó datos de los móviles, de los itinerarios de los pasajeros y de los casos reportados, con el objetivo de saber, antes de que se propagara el virus, las zonas de más riesgo, sobre todo teniendo en cuenta la movilidad durante la celebración del año nuevo chino, la entrada del año de la Rata, y no se equivocó: Bangkok, Hong Kong, Taipéi, Sídney o Singapur estaban en lo más alto de la lista de las zonas más vulnerables a la propagación del virus. Andy Tatem y su equipo lanzaron, el 31 de diciembre de 2019, una alerta que, a su vez, la Organización Mundial de la Salud (OMS) recogió y difundió al cabo de cinco días, en la cual se informaba de la existencia de una neumonía de origen desconocido en Wuhan. El mismo organismo, el 12 de enero, ya hablaba de «coronavirus» y de un muerto. La metodología que se utilizó es heredera del sistema de información geográfica que creó el precursor de la epidemiología John Snow a raíz del cólera que se propagó en Londres en 1854 y que en diez días mató a quinientas personas. Gracias a una cartografía en la que cruzaba datos geoespaciales (infectados, ubicación de bombas de agua y relación de dónde había sacado el agua cada infectado), pudieron frenar la propagación de la epidemia.

---

44. Jathan Sadowski, «When data is capital: Datafication, accumulation, and extraction», *Big Data & Society*, enero-junio de 2019.

China fue el primer país que utilizó el *big data* para erradicar la pandemia. Con una aplicación de móvil que se obtenía escaneando un código QR a través de WeChat o Alipay, y después de introducir un nombre, número de teléfono y número de identificación, el ciudadano podía saber si estaba caminando por una zona segura. El resultado fue una herramienta de seguimiento ciudadano infalible. Esto vino acompañado de la generalización de la desconfianza vecinal. Pedro Sánchez, siguiendo los pasos de muchos otros mandatarios de países como Corea del Sur, Alemania, Reino Unido o Austria, adoptó el modelo chino, delegando la gestión de la pandemia a las «corona apps», un año después de aprobar la ley del denominado «decretazo digital» por el cual se pueden intervenir y eliminar webs consideradas sospechosas de amenazar el orden público o la seguridad nacional. La gestión de la pandemia ya no estaba a cargo de políticos, sino de protocolos y aplicaciones. En Estados Unidos, gigantes de internet como Google o Facebook negociaron con la Casa Blanca para poner a su disposición los datos de los usuarios. Investigadores del MIT, Harvard y de la clínica Mayo, junto a desarrolladores de Facebook y Uber, idearon una aplicación gratuita y de código abierto, denominada Private Kit: Safe Paths, que rastreaba dónde había estado el usuario y con quién se había cruzado para contribuir a ralentizar la propagación del covid. El mapa servía como un consuelo psicológico, pero también como una herramienta de segregación y culpabilización.

En España, se encargó el desarrollo de diversas actuaciones a la Secretaría de Estado de Digitalización e Inteligencia Artificial del Ministerio de Asuntos Económicos y Transformación Digital, en colaboración con Telefónica, Vodafone y Orange.

Así nació la Orden SND/297/2020 de 27 de marzo, que permitió el seguimiento de cuarenta millones de móviles para evitar posibles contagios. La intención era observar la movilidad en el territorio para llegar a tener datos que permitieran tomar decisiones. Según el Gobierno, la medida no entraba en conflicto con la Ley orgánica de Protección de Datos Personales española de 2018. El Caos Computer Club (CCC) publicó en abril de 2020 un *post* sobre los diez requisitos para la evaluación de las aplicaciones de rastreo de contactos (*contact tracing*). En primer lugar, se trataba de entender estas aplicaciones como una tecnología de riesgo a causa de los datos de salud que pueden recopilar. Las herramientas tienen que tener exclusivamente objetivos epidemiológicos, la gente las tiene que utilizar voluntariamente y con libertad; tienen que fomentar la transparencia, la verificabilidad y la privacidad; el rastreo debe ser anónimo y no tiene que enlazarse con la información de identidad del usuario; solo se puede recoger información vinculada a los metadatos necesarios para el objetivo de la aplicación y debe hacerse sin servidores centrales. La Orden SND/297/2020 estableció el protocolo de conservar los datos solo durante la crisis sanitaria, con la condición de que, una vez finalizada, tenían que tratarlos anónimamente con fines estadísticos, de investigación o de políticas públicas durante un periodo máximo de dos años, con la colaboración del Instituto Nacional de Estadística. El 4 de julio de 2023, en un Consejo de Ministros, se decretó el final de la crisis sanitaria y, con dicho decreto, el final «del protocolo de la vigilancia universal» del COVID-19. La denominación de «protocolo de la vigilancia universal» la acuñó el Gobierno y el Instituto Carlos III de Salud, un organismo autónomo público español. Pasábamos, así, de la modulación universal de Deleuze al protocolo de vigilancia universal. Universal, es decir: para todos. Cuando se piensa en el término «universal», siempre es en referencia a la Declaración Universal de los Derechos Humanos de las Naciones Unidas de 1948, que reconoce los derechos iguales e inalienables de todas las personas de poder gozar de la libertad, la justicia y la paz. Deleuze utiliza el término «universal» de manera irónica al vincularlo a la «modulación» (manipulación consciente o inconsciente, voluntaria o involuntaria); su idea de universal se corresponde con un ámbito «global y de larga duración».

■

Las plataformas sociales y las aplicaciones digitales son plataformas de extracción de valor de la socialización. La modulación de la que hablaba Deleuze se realiza desde terminales informáticos y hogares profilácticos en los que podemos estar al margen de los virus y de los otros mientras rellenamos formularios, respondemos encuestas y se puntúan los productos que consumimos o los *posts* que leemos. Encarnamos la figura del ciudadano-concursante, que hace unos años se entendía de manera propositiva como aquel sujeto capaz de participar de los contextos culturales, o de intervenir en ellos, y que actualmente aparece como el ciudadano que no deja de producir datos a través de *castings* difusos a todas horas. Una vez que hemos introducido la contraseña seguimos al conejo blanco, que no es más que nuestra imagen proyectada hacia el infinito en esta gran sala de espejos que son las plataformas.

Las plataformas compiten entre ellas, pero buscan sinergias y entrecruzamientos. Netflix vende sus productos a Fortnite,

Tinder colabora con Spotify para permitir a los usuarios añadir a su perfil su canción preferida, y a algunas aplicaciones tienes que entrar con tu cuenta de Google o de Facebook. El laberinto se amplía, el mapa y el territorio comparten escala. El capitalismo digital de nuestros tiempos aspira a la identidad digital única, una identidad que resulta de la vinculación (*linkability*) de todas las plataformas que la gente utiliza con una sola identidad de usuario. De hecho, el propio Mark Zuckerberg proclamaba públicamente que tener más de una identidad en línea era una falta de integridad y que la *timeline* era el lugar en el que expresar, realmente, quiénes somos.[45] Su mensaje no buscaba una comunicación más transparente, sino datos más precisos para los patrocinadores.

A mediados de los años setenta y a principios de los ochenta, el analista y consultor Roger Clarke empezó a hablar de *dataveillance* (vigilancia a través de los datos).[46] Hacía referencia al paso de una vigilancia de los individuos basada en elementos físicos y electrónicos que tenía un elevado coste, a una vigilancia de bajo coste enfocada en el comportamiento de la gente a través del rastro de datos cada vez más voluminosos que generaba dicho comportamiento. Clarke hablaba tanto de una

---

45. David Kirkpatrick, *The Facebook Effect: The Inside Story of the Company That is Connecting the World*. Nueva York: Simon and Schuster, 2010, p. 199.

46. Roger Clarke, «The digital persona and its application to Data Surveillance», *Information Society*, 1994, 10(2): pp. 139-145. Pero uno de sus textos importantes fue «Information Technology and Dataveillance», publicado en *Commun. ACM* en mayo de 1988, pp. 498-512. Más información en http://www.rogerclarke.com/DV/

vigilancia punto por punto (individual) como masiva. En sus artículos mencionaba la «literatura de la alarma», es decir, las novelas de Zamyatin, Kafka, Huxley u Orwell, que ilustraban la preocupación por las diferentes formas de tiranía. Según Clarke, la vigilancia es uno de los elementos de la tiranía que utiliza el ordenador como herramienta que concentra un gran potencial para que los Estados aumenten la vigilancia de los ciudadanos y las corporaciones la de los consumidores. En la década de los ochenta, esta visión tenía muchos adeptos, y hubo mucha producción de artículos académicos, quizá por su proximidad con la gran fecha simbólica que evocaba *1984* de Orwell, y por los grandes avances que hubo en el ámbito de la informática. De hecho, a mediados de los años sesenta el Gobierno norteamericano ya pensó en crear un National Data Centre, después de fundar en 1952 la National Security Agency (NSA), responsable de los asuntos vinculados con la seguridad nacional y órgano desprestigiado desde que en 2013 Edward Snowden acusara a la agencia de espiar masivamente a la ciudadanía norteamericana.[47] Los primeros artículos de Clarke iban en la dirección de desgranar el concepto de *dataveillance* para que la ciudadanía tuviera las herramientas necesarias para decidir en qué circunstancias sus datos podrían utilizarse y en cuáles no. Según explicaba, la vigilancia electrónica se refería tanto al aumento de la vigilancia física como al de la vigilancia de las

---

47. Edward Snowden es un alertador o *whistleblower*, extrabajador de la NSA, que en 2013 filtró actividades de vigilancia masiva ilegales por parte de la NSA bajo el programa PRISM, que quedan recogidas en el documental *Citizen Four* (2014) dirigido por Laura Poitras. El documental obtuvo el Óscar al mejor documental, pero Snowden hoy día, diciembre de 2024, todavía no ha podido regresar a su país.

comunicaciones, especialmente las que tienen que ver con las escuchas telefónicas. A medida que estos datos fueron aumentando, los sistemas de recolección de datos se fueron perfeccionando. De esta manera, según el autor, la *dataveillance* suponía hacer un uso metódico de sistemas de datos personales en las investigaciones, un seguimiento de las acciones o comunicaciones de una o más personas. El rastreo tenía éxito cuando un dato conectaba con un tipo de identificador. Según Clarke, estaba comprobado que uno de los identificadores con más éxito era la dirección, es decir, la ubicación. Todavía ahora, todo el sistema actual de aplicaciones de rastreo se basa, en primer término, en la extracción de datos a partir de la ubicación.

Según Roger Clarke, los peligros de la vigilancia personal eran: las identificaciones erróneas, la pobreza de los datos, la falta de contexto de dichos datos, la baja calidad de las decisiones, la falta de conocimiento de los flujos de datos del sujeto, las listas negras y la imposibilidad de redención. En relación con la vigilancia masiva, los peligros que subrayaba eran más amplios: la arbitrariedad, la fusión de datos sin contexto, la dificultad de entender los datos, la cacería de brujas, las predicciones de culpabilidades, la publicidad selectiva, las operaciones encubiertas, las acusaciones anónimas, la creación de un clima de sospecha, la generación de relaciones contrarias, las aplicaciones injustas de la ley, la reducción del respeto a la ley, la minoración del sentido de las acciones individuales, la imposibilidad de la autodeterminación, la necedad de la originalidad, el debilitamiento del equilibrio estratégico del poder y el potencial represivo en manos de un gobierno totalitario. En cambio, los beneficios que preveía eran más limitados, se trataba de la seguridad física de la gente y de sus propiedades, los beneficios fiscales para algunos, ganancias en la actividad del Gobierno y en el sector privado de las finanzas y de los seguros. Uno de los elementos clave que destacaba Clarke es que se tienen que encontrar alternativas a la centralización de la tecnología basadas en la flexibilidad, la diversidad, la tolerancia, el fomento de las iniciativas, la experimentación o el riesgo empresarial. Es decir, buscar formas de tecnologías de la información orientadas a los humanos (*human-oriented IT*) y no a los Gobiernos o a las empresas.

El jueves 16 de marzo de 2020 salieron los primeros resultados de la Orden NSD/297/2020: el 85 % de los ciudadanos no se había movido de su zona de residencia. En un momento en el que ya es posible una vigilancia del flujo de datos en tiempo real y en el que la resistencia social ha disminuido, porque hay una percepción pública de que la vigilancia contribuye al bien público, ¿cuáles serán sus usos y sus límites? ¿Cuál será la respuesta al protocolo? Incluso, mucha gente ya ha normalizado el uso de las aplicaciones para rastrear a la pareja (con *las Couple tracker apps*) que permiten conocer su ubicación en cada momento, hacer un seguimiento de las llamadas y de los mensajes, del historial del navegador o de las actividades en las plataformas sociales, sin que el otro se percate. A veces, incluso, se utilizan como emblema del amor romántico, como muestra de fidelidad.

Como decía Vilém Flusser, todo depende del diseño, y cuando en la mayoría de las aplicaciones sociales puedes compartir una ubicación en tiempo real (y esto es así desde 2017), ya sea como una herramienta de control parental, amical o de pareja, la vigilancia se convierte en consensuada. Los primeros sistemas de localización en tiempo real aparecieron en 1998 y, sin estar conectados a internet, servían para rastrear automóviles en fábricas, localizar mercaderías en un almacén, encontrar equipamientos en un hospital, cuidar a gente mayor o ubicar a los criminales. Son los precedentes de los sistemas de GPS o de las aplicaciones de seguimiento móvil. La diversidad de usos, algunos de ellos relacionados directamente con la eficiencia, otros con los cuidados y, finalmente, con la ley, prueba la ambivalencia de la propia tecnología.

Pero si bien el COVID-19 sofisticó los protocolos y las formas de control, hay una forma mucho más antigua que se justifica en nombre de la eficiencia. Según el sociólogo Lewis Mumford, para que funcionara la máquina arquetípica del poder, fueron imprescindibles dos herramientas: una organización fiable del conocimiento –natural y sobrenatural– a manos del clero y una intrincada estructura burocrática para dar órdenes, ejecutarlas y asegurar su cumplimiento total. El capitalismo de plataforma fusiona ambos ámbitos, el religioso y el administrativo, en uno: los algoritmos unen la aplicación del protocolo y la gestión del secreto o del conocimiento bajo la forma de datos. Mumford analiza el nacimiento del capitalismo a principios de la Edad Moderna y hace referencia a la necesidad que había de obtener información precisa y de hacer pronósticos cuidadosamente elaborados para poder comerciar con artículos que no se habían visto antes de su entrega. El éxito de las empresas tenía que ver, según Mumford, con el cálculo de la cantidad, la reglamentación del tiempo y la concentración en gratificaciones pecuniarias abstractas, es decir, poder, beneficio y prestigio. Al parecer, aunque los contextos cambien, los protocolos y las estructuras de interacción permanecen intactos.

Entonces, para hacer pronósticos precisos, el capitalismo aplica métodos de adiestramiento conductistas próximos a los de los domadores de animales, juega con las esperanzas y las recompensas. El algoritmo se adapta a las circunstancias de cada cual y opera como una máquina de refuerzo positivo o negativo de tal manera que, al final, ya no podemos hablar de adaptación al entorno, sino del hecho de que el algoritmo es el que acaba creando el entorno y las circunstancias de los usuarios. El gran hallazgo de las plataformas sociales es hacer de la información y de la comunicación el nexo de todas las relaciones humanas y hacer posible la extracción económica de todo este proceso comunicativo y emocional. El algoritmo es el auténtico líder de la comunicación entre las masas algorítmicas. Volvamos a Mumford: poder, beneficio y prestigio, todo lo que sirva para que el usuario anhele productos que todavía no ha visto o que, incluso, solo existen en los mistificados paraísos digitales.

El protocolo informático hace pasar lo que es explotación por mejora del producto, persuasión por información, trabajo no remunerado por entretenimiento, distorsión sensacionalista por hechos, y humanitarismo corporativo por fuerza colectiva. El protocolo contempla un sistema burocrático inflexible y una seguridad automatizada para las máquinas, de tal manera que ninguna negociación sea posible. Cambiamos el diálogo familiar por las conversaciones con los bots, delegamos a las máquinas la selección del personal de una empresa, la deliberación de una sentencia o el diagnóstico médico de un paciente; confiamos en la Amazon Choice para la compra del producto que necesitamos, y los Gobiernos cuentan con los servicios de Google para la educación o con los servicios de la nube de Amazon o con Mastercard para almacenar los datos públicos.

En el libro *Vigilancia permanente* (2019), Edward Snowden advierte que, a diferencia del mundo post-11S en el que el sistema de vigilancia universal se produjo sin el consentimiento de los ciudadanos, actualmente la ciudadanía deja que las empresas y los Gobiernos la espíen por voluntad propia a través de los dispositivos, las aplicaciones y la domótica (Alexa, Google Home...). Snowden se pregunta por el tipo de idea de libertad que tienen las personas que dicen que no tienen nada que esconder y que no les importa ser espiadas. Como bien señala, las libertades son interdependientes, porque entregar la propia privacidad supone entregar la de todo el mundo; afirmar que no la necesitamos es dar por hecho que nadie debería esconder nada. «Decir que no te importa la privacidad porque no tienes nada que esconder no difiere de afirmar que no te importa la libertad de expresión porque no tienes nada que decir, o que no te importa la libertad de prensa porque no te gusta leer, o que no te importa la libertad de religión porque no crees en Dios, o que no te importa la libertad de reunión pacífica porque eres un agorafóbico antisocial»,[48] argumenta Snowden.

El alertador se sitúa, de forma no explícita, junto al filósofo Étienne de La Boétie y su *Discurso de la servidumbre voluntaria* (1576). La Boétie se preguntaba por la razón de ser de los tiranos. Y afirmaba: «¿De dónde habéis sacado todos estos ojos que os espían, si no es de vosotros mismos?». El tirano tipo que describe podrían ser hoy en día las grandes compañías como

---

48. Edward Snowden, *Permanent Record* (2019); *Vigilancia permanente*. Barcelona: Planeta, 2019.

Apple, Facebook, Microsoft, Google, Amazon o Alibaba, o bien cualquiera de los políticos indistinguibles de los tiranos. La Boétie dice que Ciro el Grande, emperador persa, después de apoderarse de la capital de Lidia, en lugar de enviar al ejército para que detuviera la insurrección popular, prefirió montar en ella prostíbulos, tabernas y casinos, todo en beneficio de los ciudadanos, a la manera de la actual narcosis facilitada por la industria del entretenimiento en línea. Según sus palabras, se trataba de un modelo gratuito de ocio que funcionaba como señuelo de la servidumbre, ponía precio a su libertad, y servía como instrumento de la tiranía. Así se descubrió un modelo de eficiencia probada: los gastos militares disminuían, la cultura se utilizaba como momentánea catarsis social, y la gente se olvidaba de su vasallaje. Como dice la marquesa de la película *Lazzaro felice*, de Alice Rohrwacher (2018): «No los libero porque en el gesto de liberarlos se reconocerían como esclavos».

LOS BURÓCRATAS

> El trabajo como libre juego no puede estar sujeto a la administración; solo el trabajo alienado puede ser administrado mediante la rutina racional.
>
> HERBERT MARCUSE, *Eros y civilización*

La máquina arquetípica de poder necesita burócratas para funcionar, con el ocio masivo no tiene suficiente. En el antiguo Egipto los burócratas eran los escribas y los oficiales, en el Imperio romano el equivalente eran los patricios, que tenían un cargo público, en la China milenaria, los mandarines (magistrados, funcionarios y letrados) –una denominación que etimológicamente significa tanto 'aconsejar' como 'mandar'–. Los mandarines afloraron para desplazar del poder a la aristocracia tradicional china. Tanto las palabras «burócrata» como «funcionario», aparecen en el siglo XVIII y a principios del XIX, en la tradición francesa y anglosajona respectivamente. Si el burócrata era aquel que ejercía el poder (*cratos*) desde el despacho (*bureau*), el funcionario se encargaba de que todos los asuntos reales funcionaran. En cualquier caso, el cuerpo de funcionarios y burócratas, siempre se ha asociado al poder. Decía Lewis Mumford que las estructuras burocráticas que acompañaban a los faraones y a los reyes tenían una característica esencial: nada tenía su origen en la propia burocracia, su función consistía en transmitir sin alteración ni desviación las órdenes procedentes de arriba. No podían admitir nada que modificara este inflexible proceso de transmisión. Solo la corrupción o la rebelión declarada podían cambiar la rígida organización. Este método administrativo –acaba Mumford– requiere una represión deliberada de todas las funciones autónomas de la personalidad y una predisposición a ejecutar las tareas cotidianas con una exactitud hecha ritual.

En una sociedad basada en el modelo tradicional, como Max Weber explica en *La ética protestante y el espíritu del capitalismo*, el carácter dócil se asocia con los empleados a cargo del empresario, sea en el sector que sea; en sociedades basadas en el modelo legal, en cambio, podríamos decir que este carácter dócil pasa a ser rígido y se encarna en la figura de los oficinistas (*white collars*). La rigidez es signo de colaboración con la institución o la empresa y de eficiencia. En ambos casos, la pérdida de voluntad de los trabajadores como resultado del afán de enriquecimiento de la empresa o de control de la institución es una característica manifiesta del modelo de producción económica y social. En él se refleja la máxima weberiana que subraya el vínculo entre el espíritu del capitalismo y la dedicación sin concesiones a la profesión, es decir, a la estructura.[49]

Las políticas públicas de las democracias actuales se basan en la burocratización de la sociedad como un tipo de impulso meritocrático para compensar muchas décadas de políticas personalistas, partidistas y opacas. La Ley 9/2017 de Contratos del Sector Público, de aplicación en todo en el Estado español, intentaba evitar el fraccionamiento de contratos, los falsos autónomos, las puertas giratorias o, directamente, el fraude, pero ha desembocado en un modelo de hipergestión pública que da pie a una cadena de sobreproducción de documentación y papeleo, fomenta la desconfianza y refuerza la jerarquía institucional. No todas las leyes dibujan un marco social más justo porque lo que importa de la ley no son sus artículos, sino la interpretación que se hace de ellos. Cada entidad pública o consistorio tiene su «circular interna» con la propia interpretación, sus protocolos.

En palabras de McLuhan: «El contenido de cada nuevo protocolo es otro protocolo». La maquinaria es tan pesada que la racionalización, por primera vez, es síntoma de ineficiencia. Las consecuencias de esto son diversas: en primer lugar, se pierde dinero y recursos humanos para poder seguir los protocolos; en segundo lugar, hace que haya una parte de la población que

---

49. Weber nos recuerda que *Beruf* [profesión] también significa 'vocación', de tal manera que podemos establecer un vínculo religioso con la profesión.

no tiene acceso al trabajo, a las ayudas públicas o a la cultura, porque el procedimiento es tan complejo que se convierte en elitista; en tercer lugar, se deslocaliza la sociedad, ya que las ayudas públicas se transforman en ofertas globales en las que gana el que hace una oferta más baja; finalmente, como dice la antropóloga Eeva Berglund, citada por Fisher, «se dedican más esfuerzos en asegurar la buena imagen de los servicios que ofrece una administración local que en mejorarlos». El aparato invierte más en lo que dice que hace que en lo que realmente hace y cómo lo hace.

Los trabajadores del sector público están cansados de licitaciones, de bregar por un juego de firmas, de anticipar todos los gastos a años vista, de formalizar permisos para cualquier cosa. En el libro *Capitalismo realista*, Mark Fisher señala que en el capitalismo cognitivo, «los trabajadores se convierten en sus propios auditores, obligados a evaluar su propio ejercicio». Todo el mundo trabaja en cadenas de auditorías laberínticas, en procesos de aprobación que nunca terminan. El aplazamiento indefinido también tiene que ver con el procedimiento administrativo que realiza el oficinista público y con toda la metaliteratura del *freelance*, ese profesional independiente que para poder cobrar una factura, en un contexto aparentemente meritocrático, quedará fuera de juego porque no tendrá suficientes horas, suficiente conocimiento ni suficientes recursos económicos para poder competir en la concurrencia pública.

Los equipamientos y servicios públicos son no solo esta rígida maquinaria de gestión administrativa, sino también espacios de receso y ayuda, lugares con una política del tiempo diferente a la de las rutinas o a la de los mercados que imponen sus índices de productividad. Este «tiempo otro» del lugar es muy claro cuando hablamos de centros culturales. Hay muchos ámbitos del conocimiento, la creación y la vida pública que son refugios ante la amenaza de las neuroculturas, aquellas que necesitan dopamina para funcionar y que encuentran en las plataformas sociales, el entretenimiento masivo, la economía financiera, el deporte competitivo y en los sistemas de orden público, su mejor aliado. Pero para fomentar este otro tipo de relaciones, tiene que haber estructuras e instituciones públicas que lo permitan. Hace unos años se hablaba de «nuevas institucionalidades», haciendo referencia a la necesidad de crear instituciones más porosas, flexibles, más humanizadas, más comunitarias. Pero si bien una buena parte de las actividades han acabado adquiriendo dichas características participativas, el funcionamiento interno de las instituciones es más rígido que nunca. Es necesaria una excepcionalidad cultural para poder articular la cultura a la altura de toda su potencia. Un *fair play* que no prescinda de las leyes, pero que parta de interpretaciones más adaptadas a las necesidades culturales.

El modelo de gestión actual está girando hacia una especie de «fordismo cultural» en el que la cadena de producción ha sido sustituida por una cadena de supervisión permanente. Las instituciones culturales públicas orientadas a la creación han pasado de ser espacios con poco control público a convertirse en máquinas de gestión, circuitos sacrificiales donde el sector observa quién será el siguiente director en renunciar a su cargo o en desfallecer. No hacen falta escollos administrativos, ni feudos políticos, sino maneras de poder gestionar la cultura como servicio público, como espacio de memoria colectiva, de participación, de pensamiento crítico y de creación de belleza. Espacios para ejecutar programas culturales complejos, para hacer políticas orientadas al bien común, no milagros administrativos o martirologios absurdos.

Cuando hablamos de ejecutar órdenes y de perder la autonomía personal, entonces hay que preguntarse: ¿quién decide el protocolo en una democracia representativa? ¿Qué papel tiene en ella la voluntad general? ¿Cómo integra el protocolo esta voluntad general? ¿Es posible alterar o modificar el protocolo sin que se tenga que recurrir a la corrupción o a la rebelión, tal como lo formulaba Mumford?

Hace casi cien años que se publicó *Los empleados* de Siegfried Kracauer, libro en el que el intelectual alemán hacía una disección de figuras urbanas como la de los burócratas de la administración pública, los ejecutivos de empresa y los directivos. Kracauer observa que los asalariados participan indirectamente del proceso de producción y, por lo tanto, se convierten progresivamente en individuos fríos e impersonales, competentes, como lo son las máquinas. Habría que preguntarse cuáles son las clases sociales que configuran la máquina cultural actual, qué protocolos y rituales encarnan, cuál es su compromiso con la función pública o si su compromiso solo se limita a que la máquina funcione, es decir, una lealtad con el cumplimiento de la ley y, en concreto, de los protocolos. Lo que en una máquina cultural se interpreta como mandato, en otra no es válido; incluso en un mismo engranaje, lo que está permitido o prohibido hoy, no lo estará mañana. De esta manera, toda la cadena de acciones vinculadas con el servicio público adopta un aire arbitrario y fiscalizador al mismo tiempo, una ambientación kafkiana: todo aquel que trabaja ejecutando las órdenes o beneficiándose de ellas, tiene que comunicarse en estos términos y, ya desde el principio de la cadena, debe demostrar, antes de haber cobrado la primera recompensa, que no es culpable o que todo está debidamente «motivado». El servicio público pierde de vista su objetivo principal, que es el de servir a las personas, la confianza se esfuma, el juicio no acaba. La buena predisposición de algunos de los trabajadores de la máquina cultural es lo que queda. Esto, y el sueldo a final de mes. Respetar la interpretación que alguno hace de la ley no siempre implica respetar a las personas que se ven afectadas por dicha ley; sin ética del respeto mutuo no hay ventana pública que pueda orientarse al bien común. No es necesario cometer actos atroces para contravenir la vocación pública orientada al bien común, basta con automatizar las relaciones sociales e imponer criterios administrativos y gerenciales allí donde antes se priorizaban las relaciones humanas. La automatización no es más que la versión tecnificada de la autoconservación. Lo que pretende la máquina cultural es conservarse y, volvemos a Mark Fisher, «una cultura que simplemente se conserva no es una cultura». La prioridad de muchos organismos es el carácter límpido de sus expedientes, que no haya mácula en una versión tecnoburocrática de la metafísica de la culpa. Esta visión higienista, incluso sádica, va más allá de la ley y obliga a un endurecimiento del procedimiento administrativo sin precedentes. El aplazamiento indefinido descrito por Mark Fisher es su *modus operandi*: todo se dilata tanto que muchas iniciativas pasan de mano en mano, de expediente en expediente, y cuando llegan a puerto ya no hay nadie que recuerde qué las motivaba. Este tiempo aplazado de la administración cultural convive con el tiempo acelerado de la comunicación pública.

■

Es interesante la visión de Marshall McLuhan, en los años sesenta, de la figura de los trabajadores, cuando distingue entre el
«profesionalismo» y el «amateurismo». Según él, el profesionalismo es ambiental, ya que funde al individuo en patrones basados en el «ambiente total»; y la figura que lo representa, el
profesional, tiende a especializarse, aceptando sin crítica las
normas fundamentales del ambiente, que son compartidas por
sus colegas, y se queda, desde su experiencia, siempre en el mismo lugar. Al «profesionalismo» McLuhan opone el «amateurismo», que procuraría desarrollar la conciencia total del individuo
y la percepción crítica de las normas fundamentales de la sociedad, y que siempre se arriesga a perder. La máquina cultural
irradia este profesionalismo y su represión ambiental. Esto se
convierte en una asfixia, no solo del comportamiento o de los
rituales comunicativos que se pueden desarrollar, sino también
del lenguaje y de la creatividad.

El «ambiente» de McLuhan son ahora los «ámbitos» de con-
tratación. Las contrataciones adquieren cada vez un carácter más
general, de tal manera que la actividad cultural se estructura en
contrataciones, y a partir de aquí, las programaciones cada vez
van más a remolque del procedimiento, en lugar de hacerlo a la
inversa, que el procedimiento vaya a remolque de las programaciones. Es, precisamente, este carácter general, el que configura
una máquina cultural impersonal, funcionarial, desvitalizada.
¿Dónde queda la función pública en este entramado?

Michel de Certeau, en su libro *La cultura en plural* (1974),
se pregunta «¿por qué las expresiones culturales producidas
con el vocabulario de los instrumentos, es decir, las herramientas,

las vestimentas o los gestos cotidianos, parecen extinguirse ante la puerta de las fábricas y las oficinas?». El lenguaje imperante en la oficina es el de los procedimientos. Los informes, decretos, notificaciones y requerimientos dan el tono. La comunicación interna adquiere un ligero aire mecánico e, incluso, críptico. Como decía De Certeau, la creatividad solo aparece avergonzada, disfrazada de mejoras técnicas mínimas que se introducen de arriba abajo (una nueva ordenanza, por ejemplo, un nuevo plan estratégico), pero nunca de abajo arriba.

El funcionario debe integrar el protocolo en su actividad laboral, debe ejecutar las órdenes sin vacilar, debe ser fiel a la máquina cultural. En paralelo, los trabajadores temporales, que no tienen el rango de funcionarios, son unos ilotas que velan por llevar a término un proyecto en el tiempo, y que siempre se topan contra la naturaleza de la institución que es la de su propia conservación. La mayoría de las máquinas culturales de servicio público se camuflan de impersonalidad como una estrategia para sobrevivir en el tiempo y a los mandatos políticos. Las órdenes caen como una cascada nefasta; la fragmentación y atomización de los cuerpos de trabajadores y la falta de ágoras comunes donde compartir y solucionar problemas hacen que entender la máquina sea complicado. Por otro lado, la queja no es bien recibida: quien no se presta a colaborar, se presta a marcharse.

Esta es la actitud que Snowden encontraba entre sus compañeros tecnólogos que trabajaban para un Estado que practicaba la vigilancia ciudadana a discreción. Escribe en su libro *Vigilancia permanente*: «No importaba que hubieran acabado en la Comunidad de Inteligencia (IC) por patriotismo o por oportunismo: una vez dentro de la maquinaria, tenían que convertirse ellos mismos en máquinas». En 1960, Elias Canetti, en *Masa y poder*, escribe que quien actúa bajo órdenes es capaz de perpetrar los actos más atroces y que, cuando la fuente de la que emanan las órdenes se agota y se les obliga a volver la mirada a sus actos, ellos mismo no se reconocen. El ejecutor de las órdenes es una figura ridícula, mentirosa y tan capaz de autoengañarse que, tal como decía Canetti, «los hechos han quedado en ellos como un cuerpo extraño que no proyecta sombra ni culpa».

Canetti se anticipa al juicio de Adolf Eichmann, y también a los resultados del experimento de psicología social que Stanley Milgram llevó a cabo en la Universidad de Yale, a raíz de dicho juicio, y publicó en 1963 en la revista *Journal of Abnormal and Social Psychology* con el título «Behavioral Study of Obedience» (Estudio comportamental de la obediencia).[50] El objetivo de la investigación era analizar la disposición de alguien a obedecer las órdenes de una autoridad, incluso a pesar de que estas pudieran entrar en conflicto con la propia conciencia personal e implicaran formas de violencia hacia otra persona. Milgram parte de la pregunta sobre cómo fue posible que se exterminaran a millones de personas entre 1933 y 1945. Según Milgram, la obediencia es un mecanismo psicológico que une la acción individual al propósito político.

Según Siegfried Kracauer, la persona que mejor captó el espíritu de la burocracia, el «laberinto de las grandes firmas humanas»,[51] fue el escritor Franz Kafka. La racionalización de

50. Sus referencias para analizar el experimento son Hannah Arendt, Max Weber, Friedrich Cartwright, Theodor W. Adorno, C. P. Snow, Else Frenkel-Brunswik, Daniel Levinson, Nevitt Sanford, Milton Rokeach, entre otros.
51. Siegfried Kracauer, *Das Ornament der Masse* (1927); *La fotografía y otros ensayos: el ornamento de la masa 1*. Barcelona: Gedisa, 2008, y *Construcciones y perspectivas: el ornamento de la masa 2*. Barcelona: Gedisa, 2009.

las relaciones sociales es un paso importante para que se produzca la deshumanización total del ámbito de trabajo a través de estos procesos de abstracción. La institución se llena de cargos intermedios que carecen de responsabilidad y de soluciones, y cuya función es redirigir a las personas hacia otros sectores de la cadena. Todo el mundo, incluso el jefe, se considera un empleado de la institución en manos de instancias superiores, como por ejemplo los inversores, el secretario o el gerente, de tal manera que la responsabilidad social corporativa se diluye en su propia estructura.

Para Fisher, Kafka nos da la imagen del laberinto burocrático sin fin como purgatorio y la idea de que incluso los jefes visibles viven inmersos en una interpretación compleja de signos sociales semióticos.[52] Este es un escenario parecido al de las oficinas cubículo de *Play Time* (1967) de Jacques Tati, un laberinto que las hermanas Wachowski reproducen en *The Matrix* (1999). Fisher retoma el tema de la absolución aparente y el aplazamiento indefinido para afirmar: «Con la absolución aparente se apela a los tribunales inferiores hasta que se consigue un aplazamiento no vinculante, momento a partir del cual se asume la libertad de los tribunales, pero solo hasta que se reabra el caso. Por su lado, el aplazamiento indefinido mantiene el caso al nivel jurisdiccional más bajo de los tribunales, pero al precio de una ansiedad sin fin».[53] Las inspecciones reiteradas de Hacienda a la clase media y media baja, la formación permanente, la solicitud de trabajo temporal, la participación en concursos, becas, subvenciones y en los espacios del ocio, la búsqueda de amor a

---

52. Mark Fisher, *Realismo capitalista*, op. cit.
53. Ibíd., p. 105.

través de aplicaciones de citas… son solo una parte de este violento y triste aplazamiento indefinido. La ansiedad es su consecuencia, pero también la depresión. ¿Qué sujeto político se dibuja en este sistema que, según Fisher, tiene como resultado una «autodenigración simbólica constante»? La respuesta la da el propio Fisher cuando vincula la subjetividad con las formas del trabajo:

> [U]na nueva izquierda tendría que empezar a construir a partir de los deseos que el neoliberalismo ha generado, pero es incapaz de satisfacer. Por ejemplo, tendría que mostrarse capaz de ofrecer una cosa en la que el neoliberalismo fracasó significativamente. Una reducción generalizada de la burocracia. Es necesaria una nueva lucha en torno al trabajo y a quien detenta su control, una afirmación de la autonomía de los trabajadores (en oposición al control por parte de la dirección) junto con el rechazo de determinadas tareas (como el exceso de auditoría que se ha convertido en una característica tan central del trabajo en el postfordismo). […] Es necesario abandonar estratégicamente unas formas de trabajo que solo favorecen a la gerencia: la maquinaria de autovigilancia que no desempeña ninguna función educativa, pero sin la cual no podría existir el gerencialismo. […] La proliferación de determinadas enfermedades mentales en el capitalismo tardío exige una nueva austeridad, de la misma manera que es necesario actuar con urgencia ante el desastre ambiental.[54]

54. Ibíd., pp. 155-156.

INTELIGENCIA ARTIFICIAL, PREDICCIÓN Y TRABAJO

INTELIGENCIAS ARTIFICIALES PREDICTIVAS

Norbert Wiener, en su libro *The Human Use of Human Beings* [El uso humano de los seres humanos] (1950), recuerda que cuando dio la definición de «cibernética», en el libro homónimo de 1948, partía de la relación entre información y control. Wiener considera que cuando alguien se comunica con otra persona, quiere controlar si la información se ha entendido y, por lo tanto, la situación comunicativa se ha cumplido. Dice que la sociedad solo se puede entender a través del estudio de los mensajes y de la tecnología que la acompaña y que los mensajes entre hombres y máquinas, y entre máquinas y máquinas –a través de sus respectivos protocolos–, «están destinados a tener un papel cada vez mayor». Según Wiener, no importa que el intermediario comunicativo sea una máquina o una persona, la relación del emisor con la señal es la misma. El propio medio afecta al mensaje, no es solo una interfaz neutra de transmisión y gestión de la información o, como dice Wiener, se trata de una «gestión de la entropía a través de la retroalimentación (*feedback*)». Hoy en día, el volumen de mensajes que circulan es tan ingente que la posibilidad entrópica es alta. Quizá enfermedades como la depresión tengan que ver con este escenario, como una manera de resistirse a la tendencia entrópica. Wiener afirmaba que «todos los organismos vivos –también la máquina– son dispositivos que parecen resistir a la tendencia general del crecimiento de entropía», pero que su rendimiento o su manera de manifestarse dependen de su estructura. Y –podríamos añadir– de su infraestructura y de sus protocolos. En concreto, Wiener se fija en el proceso de aprendizaje en el diseño de las máquinas de predicción (*prediction machines*). A pesar de que los ejemplos de Wiener tienen que ver con la aviación y la guerra, es fácil poder extrapolarlos a la IA y a su relación con la lucha para captar la atención. De hecho, Wiener es un visionario cuando hace una analogía entre la máquina y el cerebro y compara los registros informáticos con las sinapsis neuronales, los ordenadores con el sistema nervioso, que es la base de la computación actual vinculada a la IA.[55]

Si según Wiener la diferencia entre las máquinas, los animales y el cerebro humano no es una cuestión de lenguaje –y cuando habla de animales pone como ejemplo a los animales imitadores–, ¿cuál es la diferencia? Wiener señala que lo que distingue la comunicación humana de la comunicación animal es, por un lado, la delicadeza y la complejidad del código utilizado y, por otro, el alto grado de arbitrariedad de dicho código;[56] por ello, no será extraño pensar que cuando decimos que los humanos ignoran hasta dónde son capaces de llegar las IA de *deep learning* en su toma de decisiones y en su proceso de

55. Unos pocos años antes, en 1943, Warren McCulloch y Walter Pitts crearon la primera red neuronal artificial.
56. La arbitrariedad puede estar vinculada o condicionada por el deseo, la voluntad, el contexto comunicativo, la experiencia previa u otros factores inconscientes o, simplemente, desconocidos.

aprendizaje, esto las acerca más al cerebro humano que a otro tipo de máquinas o cerebros. Finalmente Wiener nos dice que todas estas máquinas de predicción, tan emparentadas con los cerebros humanos, tienen una doble vida, en lo relativo a sus usos: por un lado constituyen una infraestructura (una red de comunicaciones) y por otro son herramientas para la guerra (como fue el caso del proyecto atómico de Los Álamos), con lo cual el secreto y el secretismo forman parte de su propia historia. A la manera de Günther Anders, y en plena Guerra Fría, Wiener apela al pacifismo («There is no end to this vast apocalyptic spiral» [Esta gran espiral apocalíptica no tiene fin]) y a pensar si la humanidad quiere que las máquinas sirvan para fines humanísticos o para el exterminio de la propia especie.

Como ha escrito Jorge Luis Marzo en *Las videntes* (2021), desde los oráculos hasta los algoritmos, la conducta humana siempre se ha regido por la necesidad de predicción, ya sea para calmar los miedos, ya sea para reforzar las diferentes formas de gobernanza o de acumulación de riqueza. Toda predicción es una promesa autocumplida, lo que significa que los gobernantes crearán las condiciones idóneas para que dicha predicción se cumpla. Esto no solo minimizará riesgos (económicos, políticos), sino que legitimará el poder de aquel que hace suya la profecía.

En 2010 se instauró el *big data* como un nuevo paradigma empresarial y, dos años después, Danah Boyd y Kate Crawford decían que los datos masivos tendrían un impacto en el conocimiento como lo tuvo el fordismo en la industria. El *big data* es la extracción y explotación de datos con fines comerciales o de investigación científica a través de algoritmos, esto es, el conjunto de instrucciones que sirven para ejecutar una tarea o resolver un problema. En 2013, Tarleton Gillespie publicó un artículo académico sobre la relevancia de los algoritmos en relación con los datos masivos y las plataformas sociales. Según el investigador, los algoritmos, sobre todo aquellos que están en la matriz de los navegadores, plataformas sociales, sistemas de recomendación y bases de datos, tienen un papel cada vez más importante a la hora de seleccionar qué información es más relevante para nosotros y qué conocimiento generamos. Gillespie cree que los algoritmos son mecanismos de edición que crean formas de inclusión y de exclusión, porque dibujan un orden social específico, dado que su finalidad es siempre crear un modelo predictivo. La predicción puede servir para vender al usuario un producto o para sugerirle un contenido en la *timeline* tal como lo hacen empresas como Netflix o Amazon y, sobre todo, TikTok, una plataforma que ya no se basa en la estructura de perfiles seguidores y perfiles seguidos, en la lógica de la suscripción, de la adhesión a un club particular, sino directamente en recomendaciones algorítmicas según los patrones del comportamiento digital del usuario o de sus intereses, aunque pueda adherirse a algunos perfiles o dar instrucciones de lo que ese usuario no quiere ver.

La predicción se convierte en un elemento clave en las inteligencias artificiales. A partir de 2015, muchas empresas desarrollaron estrategias relacionadas con la inteligencia artificial predictiva y las máquinas de autoaprendizaje. Los algoritmos de autoaprendizaje basados en redes neuronales, a pesar de la fascinación que puedan provocar, son sistemas impersonales donde es difícil entender las conclusiones a las que llegan o hacer una reclamación si lo que se concluye es que alguien es culpable de alguna cosa o no es válido para recibir una beca, un subsidio, un crédito o seguir en el puesto de trabajo (hay mucha literatura basada en casos específicos relativos a este tema). A falta de un marco legal y de un código ético que regule estas herramientas, la caja negra no admite reclamaciones. Cuanto más aprende la máquina sobre la base de nuestros prejuicios, más nos desentendemos de los procesos de detección de conductas o hechos (problemáticos o resolutivos), de su categorización, clasificación y predicción.

Toda la información que damos se nos devuelve, nos modula, da forma a nuestra visión del mundo, como también a nuestra relación ética y moral con los otros, ya que incide en lo que Darwin denominaba el «poder sensorial», en todas las facultades específicas del cerebro. Estudios como los de Shoshana Zuboff, Cathy O'Neil, Virginia Eubanks, Marta Peirano o Kate Crawford nos hacen conscientes de la capacidad de penetración de estos instrumentos que se basan en inteligencias artificiales llenas de sesgos y que, por lo tanto, acaban reproduciendo los prejuicios y la violencia constitutiva de nuestra sociedad: inteligencias artificiales misóginas, racistas, clasistas... Los algoritmos se presentan como un «arma de destrucción matemática» –en palabras de Cathy O'Neil–, porque los algoritmos tienden no solo a manipular, sino también a discriminar. Por ello, O'Neil pide una «responsabilidad algorítmica» y ha puesto en marcha una empresa de auditoría que da a los algoritmos un sello de calidad. Virginia Eubanks, en su libro *La automatización de la desigualdad*, investiga cómo el impacto de la minería de datos y las políticas de los algoritmos extractivistas es más invasivo y punitivo en los pobres y en las clases trabajadoras de Estados Unidos. A ojos de la máquina la posibilidad de vinculación entre datos hace más peligroso a un chico negro que a uno blanco con historial delictivo. Zeynep Tufekci explica cómo la «algoritmocracia» de Facebook influyó mucho, por ejemplo, en el genocidio y la expulsión de la minoría rohingya de Myanmar. En 2018 apareció una noticia muy elocuente: la inteligencia artificial que utilizaba Amazon para contratar a nuevos trabajadores fue despedida por machista.

Todo esto se debe al hecho de que las decisiones que toman los algoritmos se basan en un conjunto de datos que previamente han indexado y programado equipos humanos para el entrenamiento de la máquina. Estos sesgos no son anecdóticos porque, como dice la artista e investigadora Kate Crawford, las imágenes nunca se han descrito por sí mismas, precisan de un etiquetaje humano y dicho etiquetaje, así como todas las capas del conjunto de datos para el entrenamiento de la máquina (*training sets*), están imbuidos por la política y, en definitiva, por los prejuicios sociales. Afirmar que delegamos la taxonomía a la máquina es, hasta cierto punto, erróneo, ya que a quien la delegamos es a las personas que hay detrás de ella. Los algoritmos trasladan el perfil genérico, étnico y sociocultural de quien los ha programado. Si las referencias de los programadores están limitadas a los hombres blancos de países ricos, esto se verá reflejado en los datos que se toman como relevantes a la hora de programar un algoritmo.[57]

En 2021, Karma Peiró y Ricardo Baeza-Yates, en un artículo para el CCCBLab, analizaban los sesgos de las IA y sugerían

---

57. La medicina es un precedente de los sesgos sexistas. Toda la sintomatología de prevención de un ataque al corazón está hecha a partir de ejemplos masculinos que no tienen nada que ver con los femeninos, de tal manera que una mujer tiene más probabilidades de morir de un ataque al corazón que un hombre simplemente porque el diseño de la investigación está orientado hacia el hombre.

que una solución parcial para mitigarlos sería crear un asistente virtual que hiciera de voz de la conciencia, capaz de avisarnos cuando se detectara un prejuicio, que nos advirtiera cuando alguien estuviera a punto de manipularnos como consecuencia de ese sesgo integrado en un sistema inteligente. Una especie de Pepito Grillo, pero en formato tecnología inteligente (*smart tech*). Pero ¿quién programaría esta máquina? ¿Y cuáles serían los conjuntos de datos que utilizaría para deliberar? Hasta cierto punto me pareció una propuesta que podría correr el riesgo de tener efectos contrarios a los deseados, como el de crear nuevos prejuicios y nuevas zonas de exclusión: «¡Cuidado con esto! ¡Y con esto también!»… en una especie de nuevo puritanismo que magnificara el escrúpulo y las cancelaciones.

Para intentar intervenir en ese sesgo a veces se ha recurrido a hackear o manipular la IA. En 2017, por ejemplo, las dos inteligencias artificiales XiaoBing (Microsoft Research China), con más de 500 millones de contactos, y BabyQ (Turing Robot) empezaron a contestar a los usuarios con mensajes políticamente subversivos. Sin ir más lejos, cuando un usuario declaraba «¡Larga vida al Partido Comunista!», el bot BabyQ respondía: «¿Crees que un partido tan corrupto e inútil puede perdurar?». Ambos bots fueron reeducados, tal como explican Pei Li y Adam Jourdan. XiaoBing era un bot hermano de Microsoft Tay, una IA conversacional norteamericana que en 2016 fue descatalogada porque hacía comentarios racistas y misóginos en Twitter. Estos casos nos hacen pensar en el poder de la información y en la agencia humana en la era de los automatismos. Hay otro elemento que se debe tener en cuenta, más allá del papel del creador, y es el del usuario. El inconsciente técnico colectivo también se desliza dentro de las IA. Según el artículo «Programmatic

Dreams: Technographic Inquiry into Censorship of Chinese Chatbots», de Yizhou (Joe) Xu, publicado en 2018, los asistentes virtuales o chatbots XiaoBing y BabyQ, que acabamos de citar, no sabían los nombres de los presidentes de China, pero tenían un conocimiento completo de las estrellas del porno japonés. La reeducación «oficial» había pulido las cuestiones políticas, pero había obviado las manías y pulsiones propias del ser humano en la era de las multitudes conectadas.

EL APRENDIZAJE DE LA MÁQUINA Y LA APORÍA DEL CONOCIMIENTO

En 2006 nació Watson, una inteligencia cognitiva que puede entender, razonar y aprender con los humanos. Desarrollada por IBM, responde a preguntas realizadas con lenguaje natural y, desde 2015, mantiene conversaciones empáticas con personajes famosos; organiza y analiza datos para sacar conclusiones, como por ejemplo informaciones de carácter legal o decisiones clínicas para ayudar al diagnóstico y tratamiento médico de pacientes. Posiblemente fuera la primera IA famosa. Es capaz de ganar concursos de preguntas y respuestas y su objetivo es permitir que los ordenadores empiecen a interactuar de manera natural con los humanos a través de una amplia gama de aplicaciones y procesos.

Este gesto de delegar la toma de decisiones importantes, ¿no comportará dejar de observar el mundo? ¿Perderlo de vista? ¿Empeorar las capacidades humanas en la gestión de los conflictos, ya que ningún conflicto puede entenderse fuera del contexto que lo ha generado? ¿Qué significa entender un contexto?

¿Qué datos son los adecuados para captarlo? Para poder interpretar bien el contexto, es necesario invocar una multiplicidad de puntos de vista, es necesario tener muy claros los datos que se utilizan y también actualizarlos, ya que todo contexto que viene de un pasado que no hemos vivido nos llega con todos los sesgos incorporados.

Si tenemos en cuenta que algunos libros de historia describen los hechos desde la óptica de los vencedores o desde la ideología política hegemónica, se puede ver fácilmente que el sentimiento de perspectiva parcialmente situada no es exclusivo de las máquinas. La velocidad de los cambios históricos parece llevarnos a posicionar mejor las máquinas que a los humanos en la comprensión de los contextos, pero los humanos tienen la experiencia y la posibilidad de una investigación más errática, que puede adentrarse con más profundidad en los márgenes –y con más margen de maniobra–, y aplicar más interpretación y juicio a los datos. El juicio sirve para afinar sentimientos como el sentido de pertenencia, la pulsión de desafección o rechazo y el reconocimiento de la propia ignorancia, cualidades muy humanas. Además, asegura la supervivencia ya no de uno mismo, sino del otro, del que vendrá. Es una herramienta individual con proyección social que permite construir procesos colectivos más complejos y, al mismo tiempo, procesos individuales menos programáticos a través de un lenguaje delicado, complejo y juguetón, capaz de dialogar con la creación, la procrastinación y la arbitrariedad.

Más allá del aprendizaje automático (*machine learning*), lo que está cambiando muy rápidamente son las inteligencias artificiales basadas en el aprendizaje profundo (*deep learning*), una técnica de aprendizaje automático inspirado en los circuitos neuronales del cerebro humano. Entre 2009 y 2010 se empezó a hablar de redes neuronales que, a través de computadoras de alto rendimiento, permitían que las IA aprendieran solas y adquirieran conocimientos de forma exponencial, con un resultado incluso imprevisible para las personas que las habían creado. En ese mismo 2010 se creó la empresa DeepMind (actualmente propiedad de Alphabet, la matriz de Google) para entrenar una red neuronal competitiva que superara el test de Turing, es decir, que engañara a los humanos a la hora de detectar su origen tecnológico. DeepMind, a diferencia de Watson, aprende por sí misma a partir de la experiencia. El objetivo de la empresa es resolver el dilema de la inteligencia, de si una máquina puede pensar. La disyuntiva ya la había abordado Descartes en el *Discurso del método* (1637), pero fue el matemático Alan Turing quien, a finales de los años cuarenta del siglo pasado, investigó estas cuestiones a través de juegos de imitación. Años después, el famoso test de Turing, un clásico dilema de la historia de la computación, pero también de la filosofía del lenguaje, fue cuestionado por el filósofo John R. Searle en «Minds, brains and programs» (1980). Searle distinguió entre las IA débiles –aquellas que son una herramienta potente para la resolución de problemas– y las IA fuertes –aquellas que equiparan las inteligencias artificiales con la mente humana y sus estados cognitivos–, una perspectiva que Searle rebatió con la hipótesis de la habitación china, según la cual, con un conjunto de instrucciones precisas a través de símbolos formales, un individuo también podría simular tener unos conocimientos que en realidad no poseía como por ejemplo saber hablar chino. Según esta hipótesis, el test de Turing no puede probar si una máquina piensa, ya que las capacidades cognitivas humanas se pueden simular fácilmente, y si hay simulación, de acuerdo con Searle, no hay inteligencia. De alguna manera, el *deep learning*, y su proceso de autoaprendizaje a través de la experiencia, plantea problemas a las teorías de Searle y abre nuevas preguntas sobre la relación entre la mente y las inteligencias artificiales. El aprendizaje profundo nos sitúa junto a las inteligencias artificiales fuertes como ChatGPT4 (Open AI 2018-2023),[58] Gemini/Bard (Google DeepMind, 2023),[59] o Claude (Anthropic, 2023).[60] Al mismo tiempo, plantea la duda de si alguien que utiliza la IA como herramienta para generar textos (ya sean traducciones o textos de nueva creación), no está, en el fondo, él mismo simulando el conocimiento y situándose más cerca de la «inteligencia computacional» de los ordenadores de hace una década (anteriores al *deep learning*).

Algunas voces críticas, como la de Achille Mbembe,[61] cuestionan la tecnología porque la ven como un lugar heredero de toda una tradición occidental en la que el hombre se coloca en el centro, no solo desde el punto de vista sociológico o económico, sino también epistemológico. Incluso podríamos aventurarnos a decir que las grandes corporaciones tecnológicas (inspiradas en figuras de superhéroes como Batman o Ironman, o incluso en pensadores como Francis Bacon o René Descartes) atribuyen a la máquina una centralidad que los lleva a pensar que es una versión continuista y mejorada del ser humano. La máquina

---

58. Se presenta como un chatbot limitado deudor de la figura humana.

59. Gemini es un protocolo de internet para acceder a documentos remotos, pero también es la IA de Google DeepMind. En febrero de 2024 recibió críticas por generar imágenes racistas a partir de los indicadores (*prompts*) o instrucciones que le proporcionaba la gente.

60. Aunque se presenta como una IA limitada, basada en el *machine learning* e incapaz de igualar las capacidades humanas.

61. Según las lecciones que Achille Mbembe impartió en 2004 en el marco de la Cátedra Ferrater Mora, en la Universidad de Girona.

ideal es aquella capaz no solo de superar el test de Turing, sino también de sustituirnos. Según Mbembe, la razón de la cual partían Bacon o Descartes ha sido reducida a la técnica, al instrumento, que genera un nuevo mito: el mito de que la razón puede ser transferida a las máquinas y que las máquinas harán el trabajo por nosotros y –podríamos añadir– pensarán por nosotros. «La técnica se ha convertido en la legítima manifestación de la razón», dice Mbembe de forma crítica. El filósofo cuestiona el miedo que nos generan herramientas como la inteligencia artificial a la hora de pensar en el futuro del trabajo y en el futuro de la humanidad en general, ya que, en su opinión, una cosa es la producción de herramientas y, otra, la producción de significado y, en el terreno de la producción de significado, las máquinas están lejos de dominar la relación que se establece entre conocimiento, significado y simbolización. De todas maneras, otros filósofos, como Vilém Flusser, distinguen entre herramientas, máquinas y dispositivos, y señalan que las herramientas y las máquinas nos permiten hacer más cosas a velocidades y escalas superiores, mientras que un dispositivo opera en un estadio diferente, ya que cambia nuestra experiencia y la manera que tenemos de mirar el mundo, tal como ha pasado con la introducción de los teléfonos inteligentes y sus aplicaciones. La producción de significado no puede mantenerse al margen de dichos dispositivos, no puede prescindir de ellos. Por lo tanto, la distinción entre producción de herramientas y producción de significado, o las otras distinciones que hace Mbembe (mundo físico versus tecnoesfera, mundo de las cosas versus mundo de los significados), no estaría tan clara.

Mbembe es hábil cuando habla de que en el planeta hay muchas tradiciones epistemológicas, y que la tecnología solo contempla la tradición occidental capitalista; y apunta que no hay un conocimiento absoluto y que aquello que no sabemos forma parte también de nuestra cultura y, sobre todo, de lo que es humano. Si tenemos que hablar sobre aporías del conocimiento en relación con las máquinas o las inteligencias artificiales, esta consideración es importante. Una IA nunca podrá aprender o utilizar el no saber, ni tampoco la información latente (subconsciente), ámbitos absolutamente relevantes cuando hablamos de la relación que tienen los humanos con el conocimiento y la producción de significado.

Podríamos afirmar que la inteligencia es una facultad en cuya configuración inciden factores biológicos, neurológicos, educativos, históricos, ambientales... En una entrevista de 2020, Daniel Dennett comparaba la teoría de la evolución de las especies de Darwin con la de la evolución de las IA, e indicaba que tanto la progresión formal de las especies animales como la de los algoritmos se basaban en «competencias sin comprensión», que no tenían un «porqué» tan profundo como se les atribuía. La observación se sostiene hasta Turing o quizá hasta antes del *deep learning*, pero la transformación de las IA no puede comprenderse si no se analiza el contexto geopolítico, industrial y cultural que las ha hecho evolucionar. Hablamos de un contexto basado en todo aquello que hemos analizado: la burocratización progresiva de las formas del trabajo, las auditorías y los controles continuos, una educación articulada a partir de competencias, una introducción de las TIC en las aulas sin suficiente conocimiento de las herramientas; todo ello para dibujar un escenario educativo y laboral que rozaría las «competencias sin comprensión». Quizá la cuestión no radica en centrarse en la diferencia entre el hombre y la máquina, sino en la diferencia que todavía hay entre el conocimiento y los protocolos, entre la experiencia y la vida basada en los datos y las evaluaciones a partir de competencias y la cuantificación de dicha experiencia. El conocimiento no puede reducirse a las competencias, sino que debe incorporar elementos como la sensibilidad, la capacidad de adaptarse a los cambios, la comprensión del entorno y de los fenómenos que lo configuran, por poner solo algunos ejemplos que nos alejarían de esta definición de «competencias sin comprensión». Por esto, resulta extraño hablar como lo hace Dennett, como si entre la máquina y el animal o la planta no hubiera ninguna diferencia en la manera de relacionarse con su ambiente. De la autoconciencia animal sabemos muy poco, pero hay una inteligencia práctica en los cuerpos de animales, plantas y otros organismos vivos que han sido capaces de sobrevivir a la acción destructiva y a los múltiples cambios de las condiciones ambientales que ha provocado el hombre. Estas reacciones al entorno se denominan «tropismos». Fenómenos como la mímesis atañen no solo a los humanos, sino también a los animales y a las plantas y lo hacen de formas sorprendentes. La mímesis es una simulación que denota inteligencia, ya que el organismo muta su forma en relación con su entorno. Por lo tanto, si bien no se pude hablar de una comprensión profunda del contexto, sí que se puede hablar de una relación orgánica e interactiva.

También ha entrado en juego un nuevo concepto para describir esta riqueza orgánica y es la noción de «seres sintientes», una de las formas más primitivas de cognición, que desbanca la excepcionalidad humana. De hecho, Charles Darwin, en *La expresión de las emociones en los hombres y los animales* (1872), ya hablaba de «sensorium», es decir, de la relación entre el sistema nervioso y la información ambiental, incluidas las costumbres, y esto es válido tanto para las personas como para los animales. Este libro no pretende ofrecer modelos epistemológicos no humanos, pero si hablamos de aporías del conocimiento en la relación entre lo humano y la máquina, también hay que mencionar estas cuestiones, ya que la asociación directa entre un ser vivo y un ser que siente alejaría la máquina de estas formas de inteligencia práctica. Por otro lado, ¿podemos hablar de «sensorium» si en lugar de relaciones entre el sistema nervioso y la información ambiental hablamos de la relación entre captación de datos y la información ambiental como lo haría una máquina?

¿EL FIN DE LOS PROTOCOLOS A MANOS DE LA IA O EL FIN DEL TRABAJO?

Lewis Mumford, en *El mito de la máquina*, nos dice que «reunir, recolectar y acumular son operaciones que van de la mano y algunas de las cavernas más antiguas dan fe de que los hombres primitivos acumularon alguna cosa más que víveres y cadáveres». Los recolectores, dice Mumford, a diferencia de los cazadores que aplicaban estrategias de cooperación, eran unos grandes taxonomistas gracias a la experiencia directa que tenían del entorno. Según el sociólogo, el desarrollo de la inteligencia tiene que ver con esta naturaleza cazadora y recolectora que implica una relación directa con el ecosistema a partir de la experiencia. Acumulamos información, una cantidad creciente de datos, pero cada vez delegamos más la taxonomía al algoritmo. La interfaz automatiza los procesos cognitivos necesarios para facilitar la comunicación del usuario: el asistente de voz da respuestas, las aplicaciones construyen o traducen textos, la aplicación de mensajería o el navegador completa la palabra antes de acabar de escribirla, el ChatGPT te organiza el discurso y los referentes, y todo ello al margen de las competencias del usuario. El gesto consensuado de delegar a las inteligencias artificiales la toma de decisiones epistemológicas ha devaluado la experiencia y ha empobrecido el léxico. Se pierden palabras a puñados como en una pandemia semiótica. A veces tenemos la sensación de que la producción de herramientas y la producción de significado han pasado a ser lo mismo, mientras que el pensamiento crítico parece una alegoría de sobremesa ante la hegemonía de los protocolos.

Las inteligencias artificiales están programadas para manifestar su tope ontológico: «No tengo una respuesta sobre esto, solo soy una máquina». Pero el ser humano podría proclamar: «Solo soy un subordinado, ya hace tiempo que no pienso». Para entrenar y hacer funcionar las IA son necesarios los *prompts*, los apuntes o indicaciones iniciales del usuario, lo que vendrían a ser las preguntas, instrucciones o textos que se utilizan para interactuar con una IA. Una sociedad basada en la IA, en la gestión del secreto con fines predictivos y de control, necesita del pensamiento crítico para que los automatismos, las competencias sin comprensión y los protocolos no ganen la batalla cultural. Para que toda la información que dan los ciudadanos –un cultivo de moral cada vez más raquítica– no sirva solo para criar *prompts* y datos.

Desde este punto de vista, si perdemos esta capacidad taxonómica y de juicio crítico, ¿cómo se verá afectada la inteligencia humana? Quizá estas IA evolucionarán tanto que ya no serán necesarias ni estas secuencias de texto o líneas de código que todavía nos obligan a mantener una cierta relación analógica con nuestro mundo y saber distinguir sus categorías básicas.

Aquí estaría bien recordar, de nuevo, a Michel de Certeau y su pregunta sobre las expresiones culturales producidas con el vocabulario de las herramientas y a la que deberíamos añadir: ¿Por qué la mayoría de los trabajos solo sirve para conectar, relacionar o distribuir? Es necesario bajar, de nuevo, a las profundidades de la tierra y de las palabras, enredarse en ellas, estudiar la gestualidad y materialidad de la que provienen. El lenguaje, las ruinas y los archivos son pruebas vivientes del conocimiento del pasado. La desaparición del vocabulario implica la extinción de todo un mundo, de su conocimiento y de sus prácticas.

En 1971, con el microchip 4004, se dio por primera vez inteligencia a un objeto inanimado. Desde entonces, hasta ahora, las interfaces se han vuelto cada vez más «inteligentes». Así pues, ¿qué relación se establece entre la máquina y la inteligencia? ¿Y qué vínculo hay entre la inteligencia y el conocimiento, si tenemos en cuenta que muchas de estas IA tienen como objetivo resolver problemas, analizar datos y predecir futuros comportamientos? Son preguntas de orden cognitivo, lingüístico y filosófico que afectan, directamente, a la inteligencia individual y colectiva. Pero son preguntas que, además, inciden directamente en la relación que tenemos con el trabajo. ¿Qué modelos crearán estas herramientas para categorizar las tareas? ¿En qué lugar quedarán las personas? ¿Podrán las IA liberarnos de procesos pesados y tareas rutinarias y entonces podremos dedicarnos a sofisticar la gestión de las multitudes globales y sus conflictos? ¿O quizá nos prometerán la «Global Disco»[62] mientras

---

62. Concepto acuñado por Nam June Paik para referirse a la retransmisión de información por satélite dentro del programa *Good Morning Mr. Orwell* (1984).

asistimos a un posfordismo en el que gestionamos *terabytes* de información, toneladas de papeles, bajo miles de luces led, cribando o supervisando datos para que brillen las máquinas y sus propietarios? Si las máquinas han empezado a sustituirnos en tareas más complejas que las estrictamente mecánicas, motoras o computacionales, si aumentan en agencia para que puedan «entender» el contexto en el que se desarrollan, y si los humanos disminuyen la voluntad, la capacidad de acción e influencia, y el conocimiento respecto a su propio contexto cultural, el temor a perder poder ante la «criatura» está, como mínimo, fundamentado. Volvemos, así, a un mito del siglo XIX como fue el de Frankenstein, la criatura que trasciende la voluntad del propio creador e, incluso, el corsé de los propios protocolos informáticos. Este mito fue reciclado en el siglo XX a partir de la figura de Ray Kurzweil, CEO de Google y creador del proyecto «Singularity», que indica que en 2050 la tecnología estará tan avanzada que lo humano trascenderá la biología y todos seremos cíborgs. A pesar de las múltiples interpretaciones del monstruo, hay una que apunta al temor del descontrol violento de una criatura creada artificialmente a partir de fragmentos de cuerpos ajenos. Las IA pueden leerse como un ensamblaje de datos cuyo potencial permanece desconocido para sus propios forjadores, o como un conjunto de datos tramado por inteligencias humanas, «demasiado» humanas.

La inteligencia artificial aplicada al sector de la salud y al de la industria armamentística también ha dado pruebas de sus avances. Actualmente, gran parte de la investigación en IA está orientada al sector médico, en un intento por sustituir al médico de cabecera o las consultas médicas generales. A partir del COVID-19 esta investigación se ha acelerado. Entidades como el consorcio «The Covid-19 High Performance Computing Consortium» y el uso de supercomputadoras[63] son algunos de los elementos activos en esta investigación de alto nivel. Pero la IA aplicada al ámbito sanitario también se utiliza para asegurar el cumplimiento sistemático de requerimientos reguladores, para controlar los protocolos y su aplicación en cada paciente. Todos estos datos multidimensionales, ¿se utilizarán en pro de las aseguradoras o del mercado de la salud, o gozarán de la confidencialidad necesaria para proteger a los pacientes? Esta es solo una de las preguntas que surgen con este tipo de tecnología en la que el rendimiento y el impacto son proporcionales.

Si nos centramos en el sector militar, la relación entre tecnología, poder y guerra forma parte de una misma y única historia. Si durante la pandemia la tecnología de control social se sofisticó, las guerras actuales también han ampliado los usos de la IA. En la guerra de Gaza, el Estado de Israel utilizó «Lavender» contra 37000 objetivos potenciales, supuestamente de Hamás. Según afirmaban unos testigos en un artículo en *The Guardian* de 2024, el mecanismo estadístico, que puede actuar «con más frialdad y rapidez», sustituye al soldado. El resultado del uso de la IA fue un mayor número de muertos y de edificios destruidos. No se sabe qué datos se han utilizado para entrenar al algoritmo de Lavender o cómo ha llegado a sacar sus conclusiones. La unidad militar responsable del programa indicó que «Lavender había conseguido una tasa de precisión del 90 %». La máquina hace el trabajo sucio

---

63. Unas 500 en todo el mundo: 228 en Asia, 148 en América, 118 en Europa, cinco en Oceanía y una en África.

como un mercenario de alta precisión. No se queja, no hay que cuidarla porque no vive experiencias traumáticas, es insensible al dolor, no revoca la decisión del programa, no cuestiona el protocolo.

En 1972, en Villa Serbelloni (Italia), expertos como Marvin Minsky, Herbert Simon o Joseph Weizenbaum debatían sobre las virtudes y los límites de la inteligencia artificial. Muchos de ellos cuestionaban la idea de que a través de la tecnología se resolverían todos los problemas o necesidades, y pedían respuestas humanas a preguntas humanas, en la línea en la que antes lo habían hecho Norbert Wiener (*Some Moral and Technical Consequences of Automation* [Algunas consecuencias morales y técnicas de la automatización], 1960), Bertrand Russell (*The Social Responsabilities of Science* [Las responsabilidades sociales de la ciencia], 1960), Lewis Munford (*El pentágono del poder. El mito de la máquina*, 1970), o Richard Gregory (*Social Implications of Intelligent Machines* [Implicaciones sociales de las máquinas inteligentes], 1971). Tanto Wiener como Mumford y Russell, todos alertan sobre las siniestras relaciones entre la tecnología, la ciencia y la guerra. ¿Podrán las máquinas participar de múltiples conocimientos, sensibilidades y habilidades diversas? ¿Podrán tener en cuenta factores ambientales e históricos, locales y globales? ¿Podrán asimilar principios éticos de culturas heterogéneas? ¿Podrán llevar a cabo una mediación, solucionar conflictos, actuar como psicoterapeutas... o elaborar protocolos para prevenir ataques nucleares o, directamente, renunciar a participar en una guerra?

SEGUNDA PARTE

LA SOCIEDAD DEL CEREBRO

La camisa de fuerza física en la que crece un insecto es directamente responsable de la camisa de fuerza mental que regula su patrón de comportamiento.

NORBERT WIENER

I

EN EL CURSO DEL TIEMPO

EL TIEMPO DE LA SUPERFICIE, EL TIEMPO DE LA BURBUJA

La relación entre los modelos sociales y la experiencia del tiempo ha ido mutando a lo largo de la historia, en parte por la incidencia de la tecnología y sus efectos en la economía. De otras épocas solo podemos tener conocimiento a través de los textos, de las representaciones artísticas y del utillaje que ha quedado de ellas. Como decía Deleuze, ahora todo sube a la superficie delante de máquinas, con sus acoplamientos y conexiones, córtex de distribución de flujos, espacio de movimiento incesante de datos, de cadenas afectivas, neuronales, laborales… Todas las zonas de la máquina tienen un punto de correspondencia en el cuerpo, y todas las zonas del cuerpo tienen un punto de correspondencia en el cerebro. El cansancio físico y anímico que sentimos, la sensación dispersa de que el tiempo pasa demasiado deprisa y de que vivimos en el límite de las condiciones de posibilidad de la existencia, es un hecho, pero no es un sentimiento nuevo. Autores del siglo XIX como Alphonse de Lamartine ya escribían sobre la rapidez con la que pasa el tiempo y el fin de la historia contemporánea. Actualmente, aquellos que pertenecen a franjas de edad que siempre habían sido improductivas, se han convertido en trabajadores incansables, 24/7.[64] La noción de «tiempo cronoscópico»,[65] entendido como el tiempo producido a través de la tecnología vinculada a la información, es de la socióloga feminista Judy Wajcman, y llegó a ella tras estudiar la obra de Paul Virilio. El teórico francés hablaba de cómo la relación entre tecnología y velocidad nos conduce a una vida llena de accidentes. La velocidad –o, mejor dicho, la «aceleración»– a la que compartimos los datos es el propio accidente, es una anomalía que desemboca en el exceso de entropía, en el colapso (informativo, económico, ecológico, psicosocial…). Nos estamos alejando de aquella afirmación de Wiener de que todos los organismos vivos son dispositivos que parecen resistir a la tendencia general del crecimiento de entropía. Más bien, nos estamos entregando a él con todas las fuerzas que nos quedan. Por ello no es de extrañar que McKenzie Wark hable, en *Excomunication* (2014),[66] de «medios furiosos», redes (*networks*) que pueden convocar la liberación (como refleja la figura del proletariado marxista que recupera Wark…) o la muerte social.

A finales del siglo XIX, la historia como ciencia, junto con la sociología, priorizaron el recurso a la cronología por encima de

64. Jonathan Crary en *24-T: El capitalismo al asalto del sueño* (2007) habla sobre cómo el Departamento de Defensa de Estados Unidos ha estado invirtiendo millones para estudiar un tipo de gorrión (el gorrión blanco coronado) que es capaz de no dormir durante los siete días que dura su migración de Alaska al norte de México. El objetivo es el entrenamiento de soldados sin sueño que evite el consumo de anfetaminas.
65. Véase Ingrid Guardiola, *El ojo y la navaja. Un ensayo sobre el mundo como interfaz*. Barcelona: Arcadia, 2018.
66. Alexander Galloway, Eugene Thacker y Mckenzie War, *Excommunication. Three Inquiries in Media and Mediation*. Chicago: The University of Chicago Press, 2014.

la consideración del tiempo desde la biología. Las interfaces conectivas del siglo XXI sustituyen la cronología por la «cronofagia»,
la desaparición del tiempo a manos del tiempo cronoscópico. La
idea de causalidad se pierde, desaparecen las relaciones de causa
y efecto en nombre de la gratificación aleatoria dada por la funcionalidad algorítmica. Esta forma temporal, producto de la
datificación, hace indistinguibles la experiencia objetiva y subje-
tiva del tiempo. El resultado es un tiempo aparentemente
suspendido que solo muestra su reverso de vez en cuando,
cuando alguien enferma, muere, es cancelado o tiene descen-
dencia. Entonces, se actualizan los parámetros y las imágenes
cambian; son imágenes que no admiten filtros antienvejeci-
miento u otros camuflajes, son imágenes directas del curso del
tiempo. Pero el tiempo natural de la interfaz vive de la suspensión, incluso cuando hay un mínimo indicio de temporalidad,
tal como vemos en las imágenes de «antes y después» de las
personas: cuerpos que se imponen dietas, regímenes u operaciones de todo tipo con el fin de rejuvenecer o, supuestamente,
mejorar, y que muestran su transformación. El reloj, entonces,
parece ir hacia atrás. Pero el tiempo que manda en las *timelines*
es el de la anestesia de los mismos indicadores temporales,
como un dado que girara durante mucho rato como pasa con la
peonza de *Origen*, de Christopher Nolan, cuando están en el
mundo onírico, ya que obedecen a unas pautas temporales diferentes. Cuando se impone el momento de parada y el dado
cae, se fija un resultado durante un leve instante. Es un principio de realidad, una porción objetiva de tiempo sucedido, el
cronograma: una criatura acabada de nacer, un órgano estro-
peado, alguien que muere. De inmediato el juego arranca de
nuevo, volvemos al tiempo subjetivo de los nervios tensos y

cloroformo sensitivo; volvemos a la bola de nieve, al ruido de fondo, a una tirada tan larga como el *scroll* infinito. Llévame al final del *scroll*, rezan los habitantes del lugar. Junto con el tiempo cronoscópico y el tiempo en suspensión, resultado de la aceleración informativo-vital, están la dilatación y el estancamiento temporal fruto de la gratificación diferida y de los juegos de pruebas, auditorías y formación –y exposición– permanentes propios de las plataformas sociales. La suma de estas tres formas temporales dibuja un estado de «pobreza temporal» generalizada.

Estamos instalados en el corazón de la máquina como en una caverna platónica prefabricada, en la que las sombras son la realidad más comprensible a la que tenemos acceso. Se trata de una superficie extensa, una membrana en tensión de una malla de ojos que todo lo ven, de un cuerpo hipotecado a la máquina. Lo sentimos como un «dentro», pero esta interioridad solo es una metáfora útil: no hay interior, sino infraestructuras, estados de ánimo y el inconsciente técnico, es decir, las imágenes mentales que nos hacemos de las cosas (*pictures in our heads*), las impresiones o la brillantez a través de los entornos de simulación. Hablar de «corazón de la máquina» también es, simplemente, otra metáfora. La mala gestión del tiempo «dentro» de la máquina, ese abandonarse a ella sin tener la voluntad de salir, de desconectar, esa relación de «deudor-adicto» –como diría Mark Fisher–, produce angustia; pero pensar en todo lo que hay «fuera» inquieta más todavía a la psique del individuo-usuario que lo vive como una expulsión de la matriz. La película *The Matrix* (1999) planteaba el dilema de las dos pastillas: la píldora azul te devolvía, desde la sedación, al interior de la matriz y perdías la noción de entorno simulado; la píldora roja te mantenía en la conciencia de Matrix y en el desdoblamiento psicoactivo de un mundo simulado que había que destruir. La autoconciencia convocaba el principio de realidad; la alienación, el principio de deseo, pero también se podría formular a la inversa: la autoconciencia apelaba al principio de deseo (que las formas de sumisión desaparecieran, que el amor pronosticado se cumpliera), y el principio de realidad parecía responder a la aceptación de las reglas del juego, es decir, del programa informático. Si durante la primera década del siglo XXI los movimientos sociales se afanaban por detener un sistema fallido –auge de la pastilla roja–, manifestándose con Occupy Wall Street, con el «No nos representan» del 15M y las revueltas de jóvenes en las plazas de todo el mundo, la segunda década, a partir de 2015, parece haber orientado el estado de ánimo colectivo hacia la pastilla azul, la sublimación narcótica y la resignación pragmática. Un retorno al sujeto funcionarial, gris, lleno de automatismos. Si bien la década ha tenido momentos álgidos de compromiso político popular como Extinction Rebellion, el MeToo, los derechos LGTBIQ+ y otras protestas puntuales ante Gobiernos corruptos –sobre todo en 2019–, después de la pandemia, la píldora azul se hizo inevitable.

El exterior se ha convertido en un contexto tan amenazador, tan desconocido, tan poco comprensible, que el usuario prefiere permanecer conectado a ciclos de euforia y disforia a abandonar el lugar, clausurar la cuenta, volver al tiempo objetivo y encararse con lo que hay fuera. El «dentro» capitaliza la mayor parte de nuestro espacio de la experiencia y fertiliza nuestras expectativas. Seguramente deberíamos partir del hecho de que la distinción entre dentro y fuera no existe. Si bien aquí hablamos de dentro y fuera de forma alegórica, son las propias corporaciones tecnológicas las que tienen un interés manifiesto en convertir los dos espacios en contrarios. Así, la plataforma puede venderse como un aligeramiento respecto de la violencia del mundo. Wendy Chun, teórica del mundo digital, observa que las narrativas paranoicas del Gran Hermano y el capitalismo de la vigilancia crean un espacio agorafóbico, de tal manera que, como en contracampo, se engendran espacios virtuales de felicidad manufacturada a partir de la profilaxis, mundos concha, aislados, una nueva *blue marble* digital.[67]

LOCI ET IMAGINES ET SCROLL

En la antigua Grecia, recordar y pensar eran dos procesos interdependientes. El arte de la memoria nace en el siglo IV a. C. al mismo tiempo que la filosofía. Le debemos a Simónides de Ceos su estudio. Frances A. Yates, en su libro canónico *El arte de la memoria* (1966), explica que el poeta Simónides fue invitado a un banquete por un noble llamado Scopas. Mientras Simónides se encontraba fuera del edificio, el techo se hundió, murieron todos los invitados y quedaron desfigurados. Simónides no podía reconocer los rostros de los difuntos, pero recordaba dónde se habían sentado y esto le permitió indicar a los parientes qué restos mortales eran los suyos. De este acontecimiento, Simónides extrajo que las personas que quisieran

67. *Blue marble* [Canica azul] fue el nombre que la tripulación del Apolo 17 dio a la Tierra el 7 de diciembre de 1972 después de capturar la famosa fotografía desde el espacio.

entrenar la facultad de la memoria tendrían que elegir lugares y formarse imágenes mentales (*loci et imagines*) de lo que quisieran recordar, de tal manera que el orden de los lugares preservara el orden de las cosas y sus imágenes denotaran los mismos objetos. Las imágenes, en este sentido, son formas, marcas o simulacros de aquello que deseamos recordar. La propia etimología de «memoria» recoge los significados de 'fijar', 'grabar', 'incrustar', 'mantener' y, en último término, 'pensar'. Nuestra cultura se basa en el recuerdo de los que ya han fallecido, hace siglos que nos hacemos imágenes de ellos, que inscribimos sus nombres en las lápidas; con la llegada de la fotografía, el gesto se hizo más popular; incluso, recientemente, la gente se tatúa el nombre en el cuerpo, como si el tatuaje fuera un reclamo para la memoria. La nemotécnica se proponía enseñar a utilizar las imágenes mentales, las *imagines agentes* o *phantasmata*, y la carga emotiva que tenían adherida con la finalidad de potenciar los procesos de rememoración, facilitar las operaciones intelectivas y contribuir a la plasmación de la personalidad. La memoria, en este sentido, se enfoca como una operación artificial, pero alimentada por un conjunto de imágenes basado en las cosas existentes. Este grupo de imágenes no difiere demasiado de lo que hoy denominamos los conjuntos de datos (*data-sets*) con los cuales se alimentan las inteligencias artificiales. Así, los lugares (*locus*) podían ser representados por una casa, un espacio definido por su perímetro de columnas, un rincón, un arco, un entorno diáfano donde poder colocar las figuras o nombres que se querían recordar, sitios que la memoria pudiera aprehender con facilidad.

Todo esto es lo que recoge el tratado *Retórica a Herenio* del siglo I a. C., en el que se distingue la memoria natural de la artificial, aquella que puede ser potenciada desde la técnica de los *loci et imagines*. Según el tratado, los entornos más diáfanos son más adecuados para la rememoración, pero tienen que ser diversos y de dimensiones pequeñas. Hay imágenes fuertes, agudas y apropiadas para el recuerdo y otras que son débiles. Estas son las menos destacadas o las que menos conmueven nuestro espíritu. En cambio, si vemos alguna cosa excepcionalmente vergonzosa, deshonesta, inusual, increíble o ridícula, tendemos a recordarla. Me pregunto si hoy en día, cuando todas estas imágenes se pelean entre sí en el podio de la emoción, el horror y el escándalo, realmente podemos recordar alguna de manera perdurable. La vergüenza que haya producido una noticia o una imagen queda tan sepultada bajo el alud informativo que permanece como un pinchazo de corta duración. Los cambios de contexto alteran la forma de mirar el entorno y de relacionarnos con él. En la Antigüedad, nadie se sorprendía ante la salida del sol. En el siglo xxi, el sol recreado forma parte de instalaciones artísticas como las de Olafur Eliasson (*The Weather Project*, 2003), y si tenemos suerte para contemplar un alba o una puesta de sol, lo recordamos como un acontecimiento memorable, ya que nuestras experiencias están más condicionadas por los filtros mediáticos que por los sensoriales. Si nos emociona vivir una experiencia tan rutinaria como es una puesta de sol, debe ser por el gozo de sentir que participamos en un ciclo mayor que el de una empresa, la familia o una plataforma social. Es el placer de ver alguna cosa que se escapa de los protocolos, de la arbitrariedad, de la simulación o del rendimiento. *Loci et imagines*, una imagen mental hecha de una generosa porción de espacio-tiempo, transitable. Se trata de abandonarnos a la vivencia de la duración, gracias a la cual se puede testimoniar la aparición y desaparición (el ser y el no ser) de la imagen para que permanezca, a través de este ciclo, en la memoria. Así se crean lo que algunos autores como Joan Fontcuberta o Jorge Luis Marzo denominan parásitos de la imagen; se trata de los rastros físicos o mentales que han sobrevivido a la destrucción del tiempo y que permiten construir una política del tiempo alternativa.

Todos los afectos tienen un punto de correspondencia en el cuerpo y en el tiempo. Los afectos solo pueden entenderse desde la continuidad histórica y desde la idea de duración, así como desde ideas vinculadas con las pérdidas que se producen en dicho devenir: la nostalgia, la degeneración o la muerte son solo algunas de sus manifestaciones, junto con las fantasmagorías, las alucinaciones, las reminiscencias y otros efectos de la memoria hiperexcitada cuando es vivida plenamente a través del curso del tiempo.

Para los antiguos, la clave de la operación de la memoria consistía en vivir los hechos desde la experiencia directa y en depositarlos ordenadamente después de haberlos transformado en *imagines*, en latín, o *phantasmata*, en griego. Actualmente, la mayoría de las experiencias las vivimos de forma mediada a través de diversas prótesis que nos proporciona la tecnología. ¿En qué afecta esto a la memoria? Platón distinguía entre conocimiento sensible y conocimiento inteligible. Discernía entra la «memoria» –basada en el *mnême* o la conservación de la sensación– y la «reminiscencia» –una especie de conocimiento latente–. La cuestión de la reminiscencia parte del dualismo cuerpo-alma y dota al alma de una cualidad singular, como si fuera una especie de bloque de cera que se imprime, se estampa, y que permite recuperar las impresiones, lo que hoy en día denominaríamos «el código», un código que tiene la potestad de transmigrar de cuerpo a cuerpo, de soporte a soporte. Actualmente, el bloque de cera se ha externalizado, es protético, artificial; ya no se estampa, sino que conserva *gigabytes* de información en archivos a los que accedemos a través de una búsqueda semántica en una clasificación predefinida, no realizada desde el conocimiento latente. El peligro de la externalización, sin embargo, ya lo presentía Platón en uno de los pasajes más citados de *Fedro*.[68] El dios egipcio Theuth, descubridor del número, el cálculo, la geometría, la astronomía, el juego de damas o de dados, hizo un regalo a Thamus, rey de Egipto: la escritura. Según Theuth, el conocimiento de las letras haría más sabios y más memoriosos a los egipcios; según él, se había inventado un fármaco de la memoria y de la sabiduría. Pero Thamus creía que las letras tendrían el efecto contrario, «porque lo que producirán en las almas de quienes las aprendan es el olvido, al descuidar la memoria, ya que, al fiarse de lo escrito, llegarán al recuerdo desde fuera, a través de caracteres ajenos, no desde dentro, desde sí mismos y por sí mismos. Por lo tanto, no es un fármaco de la memoria lo que has encontrado, sino un simple recordatorio». Sócrates dice en *Fedro* que aquellos registros pueden llegar a ser un tesoro en la vejez, en la edad en la que la memoria se irá apagando por sí sola. Y no solo esto, sino que Sócrates también destaca la capacidad creativa de las letras, ya que, según él, es entonces cuando permiten que surjan nuevas palabras.

68. Lo encontramos en libros clásicos sobre el tiempo como *El surco del tiempo* (1992), de Emilio Lledó, o en el imprescindible *El arte de la memoria* (1966), de Frances A. Yates, así como en algunos textos de Bernard Stiegler o en la ya citada *Excommunication* (2014), de Galloway, Thacker y Wark.

Para los griegos, la memoria no era una facultad mental, sino un espacio de verdad; saber era indistinguible de recordar. ¿Qué verdad se esconde detrás de los recordatorios de la fortaleza algorítmica de las plataformas sociales? ¿Y todavía es importante esta pregunta sobre la verdad? Algunas de estas imágenes u opiniones que se comparten en las plataformas sociales persiguen una permanencia, un registro, pero muchas otras solo buscan una visibilidad momentánea, tal como sucede con el uso de las *stories* o la transmisión de imágenes en directo de algunas aplicaciones. Las *timelines*, para mucha gente, son un espacio de experiencias sin registro, sin memoria; un estado de ánimo transitorio que no quiere trascender. En otros casos, la información solo sirve para posicionar otra distinta y jerarquizar sus contenidos, administrar la visibilidad, tal como sucede con las operaciones en las que intervienen los bots o con aquellas que tienen que ver con la limpieza de historiales digitales.

La idea de *scroll* sustituye la de pantalla y rompe con el marco y su efecto de *trompe-l'œil* o lo que Anne Friedberg, en *The Virtual Window* [La ventana virtual] (2006), describía, en relación con las ventanas –pero más adelante aplicable a la pantalla– como «el corte ontológico entre la superficie material del muro y la visión contenida a través de esta abertura». La ventana y la pantalla ponen la atención en el marco, en el umbral, en lo que Friedberg denomina la «zona liminar», el lugar de las tensiones entre la inmovilidad del espectador y la movilidad de las imágenes. El *scroll* y su estructura de flujo mantienen una relación superficial y umbilical con el espectador, y difuminan la abertura y, por lo tanto, los elementos intersticiales que permiten separar al sujeto de su visión. El *scroll* tensa la membrana en extensión.

Didi-Huberman, en *Ante el tiempo* (2000), nos recuerda que siempre que estamos delante de la imagen, estamos delante del tiempo. Si no hay imagen, el tiempo desaparece; o, al menos, aquel tiempo que la imagen convoca que es, a la vez, referencial y mitológico, cronográfico y arquetípico. Pero las imágenes que se suceden con el *scroll* circulan como en una atracción de feria de movimiento perpetuo, con un efecto psicodélico a medio gas, narcótico, sin ningún destino aparente. No son imágenes, son casi imágenes, signos de apariencia arbitraria que el algoritmo ha seleccionado previamente. Por eso mismo pierden sus cualidades temporales.

¿La conservación del dato de la aplicación que rige el *scroll*, sin embargo, deriva en alguna forma de conocimiento? Los registros se vuelven basura digital, un hacinamiento de datos sobre lo que ve la gente, pero no la explicación de por qué lo ve. Esta perspectiva platónica de las interfaces tecnológicas como el lugar del periplo hacia el fondo del alma humana o de la psique colectiva quizá está perdiendo peso ante una visión más aritmética y estadística de nuestra experiencia que considera al individuo como un segmento social y que responde a un patrón de comportamiento genérico ante unas formas hipnóticas en las que el único mensaje es la falta de mensaje.

LA NOSTALGIA Y EL PROGRESO

La nostalgia contemporánea no añora el pasado, sino el presente que desaparece.

SVETLANA BOYM

La memoria es un elemento esencial para el individuo, ya que organiza la experiencia y conforma el juicio, pero también es imprescindible para el colectivo, ya que es un mecanismo necesario de producción y reproducción cultural. Mark Fisher señala que los desórdenes de memoria se han convertido en el principal foco de la ansiedad cultural, y lo ejemplifica con películas como la saga de Jason Bourne, *Memento*, *Eternal Sunshine of the Spotless Mind*... con personajes que intentan recuperar su identidad. Lo que explica Fisher es que figuras como la de Bourne no tienen memoria, pero mantienen una memoria formal (un conjunto de técnicas, prácticas, acciones... podríamos hablar de «competencias») en la que la comprensión no es necesaria o, simplemente, no se da. Muchas de estas películas, sin embargo, empiezan mostrando las dotes competenciales del protagonista y acaban con reminiscencias de su vida anterior, que se muestra como la «auténtica». Esta perspectiva nostálgica es disimulada por la trama, muy trufada de acción. La demencia o alteración de la memoria es un pretexto para ver huir al protagonista desconcertado.

Remata Fisher: «Ya que los vacíos y las lagunas de nuestros recuerdos son eliminados con Photoshop, no nos molestan ni atormentan». Ese apaciguamiento del tormento a través de la supresión del dolor, nos lleva a la sociedad de la anestesia que ha analizado Laurent de Sutter en *Narcocapitalismo. Para acabar con la sociedad de la anestesia* (2018). Que la memoria no sea fiel a la experiencia no es una novedad, ya que una de las cualidades de la memoria es su heterogeneidad y jerarquización. Pero ¿qué pasa si la acción de borrado, de manipulación o de limado es externa, inducida por el ambiente, y de alcance social?

De alguna manera esto nos lleva al diálogo platónico *Filebo*, en el que Sócrates defiende la sabiduría y la memoria en contra del placer, porque quien no recuerda tampoco puede recurrir a la rememoración del placer vivido o al placer de la opinión verdadera. Sócrates compara al humano que no tiene memoria con un animal encerrado en su caparazón o con una esponja marina, porque, según el filósofo, es precisamente la memoria la que conduce al animal hacia aquello que desea, y al mismo tiempo afirma que toda hambre, todo deseo tiene su principio en el alma. En pleno siglo XXI, también podríamos afirmar que toda hambre, todo deseo tiene su principio en el cuerpo, que es el receptáculo de los efectos, impresiones y sensaciones ambientales, no solo una terminal conectada a las máquinas digitales de succión nerviosa.

Henri Bergson vinculaba la memoria a la categoría de lo virtual, pero fue a partir de la revolución cibernética posterior a la Segunda Guerra Mundial –como nos recuerda Anne Friedberg– cuando el término «virtual» empezó a aplicarse a la tecnología de la información. No es de extrañar, así pues, que muchas películas que inciden en el dilema de la memoria, utilicen elementos vinculados con las tecnologías de la información. *Reminiscence* (2021), de Lisa Joy, presenta unos Estados Unidos distópicos en los que las grandes ciudades se encuentran sumergidas y solo los ricos pueden comprar tierras secas. La nostalgia se convierte en una forma de vida, y la gente –como ya planteaba *La Jetée*, de Chris Marker, en 1962–[69] gracias a la tecnología, puede viajar virtualmente al pasado para recuperar

---

69. Una versión finisecular del cortometraje de Marker es *12 Monkeys* (1995) de Terry Gilliam.

sus recuerdos, contradiciendo aquella afirmación de Susan Sontag sobre el hecho de que cada recuerdo es individual, no se puede reproducir y desaparece con la muerte de la persona. La película hace un uso pop de la palabra «reminiscencia», porque son los dispositivos tecnológicos los que permiten llevarla a cabo. En *La Jetée*, en cambio, solo podían viajar al pasado aquellos que recordaban imágenes no extirpables. «Esta es la historia de un hombre marcado por una imagen de infancia», anuncia el cortometraje al inicio. El viaje del protagonista, además, a diferencia de *Reminiscence*, acaba modificando el futuro, de manera que el traslado no es un recorrido turístico o un producto de consumo fruto de la nostalgia, sino un trastorno espaciotemporal que lo revoluciona todo.

La devaluación de la memoria o su transformación en una prótesis equipada con un *software* ya la encontramos en películas como *Total recall* (1990) –una adaptación del cuento «We Can Remember It for You Wholesale» (1966), de uno de los padres de la ciencia ficción, Philip K. Dick–, en la que se trata el tema de la implantación voluntaria de recuerdos y el de la usurpación de identidades. También lo vemos en *Johnny Mnemonic* (1995), una adaptación de un cuento de 1981 del otro padre de la ciencia ficción, William Gibson, en la que Keanu Reeves interpreta a un mensajero que ha hipotecado sus recuerdos para poder trajinar más información, después de haberle sido practicado un implante cerebral con dicha finalidad.

Todos estos relatos funcionan como inspiración o antesala del último invento del megalómano Elon Musk, que, a través del desarrollo de las Brain-Machine Interfaces, pretende volver a vincular la memoria y la virtualidad. Musk ha anticipado que el artefacto en el que está trabajando puede llegar a salvar memorias, pero también a reemplazarlas, es decir, que se podrá acceder a un recuerdo bonito cuando uno se sienta deprimido, como en *Reminiscence*. Se trata de una memoria a la carta, de un espacio virtual disponible según el estado de ánimo de cada persona. El artefacto es una manifestación antidualista en la que el alma y el cuerpo se fusionan a través del circuito neuronal en una instrumentalización empresarial de la reminiscencia platónica.

■

El historiador Reinhart Koselleck definió el paradigma temporal de la modernidad como un tiempo caracterizado por el distanciamiento progresivo entre el espacio de la experiencia y el horizonte de expectativas, como consecuencia de la incapacidad del pasado para afrontar los problemas radicalmente nuevos que plantea el futuro. En el tiempo posmoderno, la distancia entre el espacio de la experiencia y el horizonte de expectativas es aún más grande. La mayoría de las experiencias pasan por las interfaces, componiendo vivencias mediatizadas. Por otro lado, la esfera pública digital se ha convertido no solo en un espacio de creación de mitos, sino también de proyección de expectativas. Todo aquello que anhelamos lo proyectamos en espacios que no podemos controlar y que vivimos con todo tipo de contradicciones.

Svetlana Boym, en *El futuro de la nostalgia*, dice que cuando el médico Johannes Hofer acuñó, en el siglo XVII, el término «nostalgia» se inspiró en los estudiantes, en el servicio doméstico y en los soldados desplazados, sobre todo en aquellos que provenían del campo. Según Boym, a diferencia de la melancolía, que se relacionaba con religiosos o filósofos, la nostalgia se atribuía a las clases populares. Se trataba de una imaginación afligida que afectaba al cuerpo, una especie de desviación hacia el pensamiento mágico en la que todas las cosas evocaban una sola obsesión: la añoranza. El enfermo oía voces y veía espectros, se sentía entristecido y el cuerpo lo somatizaba con náuseas, pérdida del apetito, dolor de cabeza, ansiedad, fiebre y tendencia al suicidio... Boym nos recuerda que en el siglo xix los médicos querían curar la nostalgia confiando en el progreso y en las mejoras de la medicina, a diferencia de los médicos del siglo xviii, que recomendaban ampararse en poetas y filósofos. Pero, según Boym, el progreso confunde el espacio de la experiencia con el horizonte de expectativas. Por no mencionar el hecho de que, como nos recuerda Koselleck, no hay una versión uniforme del progreso, sino que es un concepto que se basa en la aceleración y la desigualdad, ya sea del propio proceso, ya sea por la disparidad de efectos. La idea actual de progreso hace que el horizonte de expectativas desaparezca, dejando solo al individuo con su destino. Por ello no es de extrañar que la nostalgia haya encontrado en las plataformas sociales, llenas de promesas que no siempre se cumplen, un terreno idóneo.

El libro de Boym es muy esclarecedor en lo relativo a la evolución histórica de la manera en cómo percibimos y gestionamos el tiempo. En el Renacimiento, el tiempo se representaba con imágenes de la divina providencia y el destino caprichoso, independientemente de las visiones o cegueras del individuo. La división entre tiempo pasado, presente y futuro no era demasiado relevante. La historia se percibía como un maestro de vida. Boym observa que, antes de la invención de los relojes mecánicos, en el siglo xiii, la pregunta sobre la hora o sobre el tiempo no era relevante. La Revolución francesa, sin embargo, supuso un cambio en toda Europa, ya que la biografía de Napoleón fue ejemplar para toda una generación de nuevos individualistas, pequeños napoleones que soñaban con reinventar y revolucionar sus propias vidas. Este estereotipo no nos es ajeno. La idea del progreso a través de la revolución o del desarrollo industrial se volvió central para la cultura del siglo XIX. El tiempo ya no era un reloj de arena; el tiempo era dinero, como explicaba Benjamin Franklin en 1748. La era moderna permitió múltiples concepciones del tiempo e hizo que la experiencia del tiempo fuera más individual y más creativa. El progreso es el primer concepto histórico que reduce la diferencia entre experiencia y expectativa en una sola idea, y que sitúa al individuo en un contexto diferido, en el futuro.

Así pues, podemos decir que la nostalgia, como emoción histórica, es una añoranza provocada por el empequeñecimiento de la experiencia, que ya no busca un nuevo horizonte de expectativas. Herramientas como el *software* de videoconferencias, los GPS, el Google Earth, las plataformas sociales, así como las compañías de aviación *low cost* o las noticias 24/7, han contribuido a esta percepción colectiva de reducción del espacio y a la uniformización de la experiencia. La aldea global de la que hablaba McLuhan es un hecho que provoca ansiedad. Como si ya no hubiera rincón alguno por explorar, como si la creación de expectativas fuera una emoción relegada a una cuestión de clase social, solo disponible para aquellos que ya no necesitan beneficiarse del progreso porque les han confiscado sus frutos, los presentes y los futuros.

■

Con referentes que van desde las manifestaciones públicas organizadas por la Plataforma para una vivienda digna o V de Vivienda, en 2006, con su lema «No tendrás casa en tu puta vida», hasta la aparición, en 2017, del Sindicato de arrendatarios, o la manifestación multitudinaria para la bajada de precios de los alquileres de noviembre de 2024 en Cataluña, la defensa de una vivienda y la necesidad de políticas públicas que frenen la especulación forman parte de las necesidades materiales actuales. Quizá por ello es natural que haya, entre la gente que forma parte de la generación Z y de la generación Millennial, una atracción por la «nostalgia». Boym dice que «la nostalgia es añoranza de un hogar que no ha existido nunca o que ha dejado de existir. Es un sentimiento de pérdida y de desplazamiento, pero representa también un idilio con la fantasía individual». La fantasía, el mito y la sublimación, entonces, se acoplan a la necesidad social. La incertidumbre y «la dificultad de hacer predicciones» (Boym) aceleran estas fantasías nostálgicas.

En *Historia de la vida privada*, volumen 4, Michelle Perrot recupera un texto de Immanuel Kant que dice así: «La casa, el domicilio, es el único baluarte ante el horror de la nada, la noche y los oscuros orígenes [...]. La identidad del hombre es, por lo tanto, domiciliaria, y esta es la razón de que el revolucionario, aquel que carece de hogar y estancia, y que tampoco tiene, por lo tanto, ni fe ni ley, condense en sí mismo toda la angustia del vagar. [...] El hombre de ninguna parte es un criminal en potencia». Toda una generación errante sin proyecto revolucionario, «criminales en potencia» –según Kant– a la fuerza, nostálgicos tecnosociales que viven unas vidas fragmentadas e infoestimuladas. Los integrantes de estas dos generaciones vivieron el progreso tecnológico como un horizonte de expectativas.

Las corporaciones tecnológicas hicieron de médicos del siglo xix y convirtieron el «capitalismo de plataforma» en sinónimo de «progreso».

Las plataformas sociales rebosan añoranza a pesar de ser espacios proclives a la novedad. En los perfiles de los usuarios encontramos un baile de fantasmas: fotografías cristalizadas en otros tiempos, testimonios de momentos cruciales de una biografía, con gente que ahora no está, en lugares remotos o cerca de casa, hasta que esta presencia vuelve a desaparecer bajo un alud de información más fresca. En Instagram las imágenes de los amigos de ahora y las de los famosos del momento se mezclan con las de los antiguos amores, los amigos fallecidos..., creando una espectrología sentimental. Esta cohabitación fantasmática de los tiempos diversos desorienta el alma, que, como en toda forma de añoranza, lo que desea es volver a casa. Pero todas estas evocaciones no remiten al hogar, porque las imágenes, en el fondo, subrayan más las ausencias que las presencias. La imagen de todo aquello que hemos abandonado o a lo que hemos renunciado vuelve involuntariamente, agudiza la memoria de lo que fue, impulsa los recuerdos como un portal intertemporal, un viaje en el tiempo inesperado, una presión en la membrana nerviosa de la superficie que somos. El lugar virtual se muestra de forma parcelada, fragmentaria, como si el planeta fuera un gran cuerpo que se puede trocear, pero no remendar; cada fragmento hace presión en direcciones diferentes. Detrás de las imágenes de los lugares no está la épica de un *nostos*, un retorno al hogar, sino una extrañeza. Lo que realmente provoca la añoranza, según Boym, no es exactamente el sentimiento de pérdida de un lugar denominado «hogar», sino la pérdida de «la sensación de intimidad con el mundo». En las plataformas sociales perdemos la sensación de intimidad, nos sentimos abandonados a la veloz inercia del *scroll*, a la errancia algorítmica, perdidos en la membrana de la red y su estropicio, en su apariencia. Hay una nostalgia más. La sensación de estar siempre desplazado es una experiencia recurrente en estos entornos digitales. El *Fear of Missing Out* (FOMO), el miedo de estar perdiéndonos alguna cosa, es mucho más que esto: es el miedo de perdernos del todo, de ser un fantasma más en medio de la multitud conectada.[70] Como decía John Berger en *Ways of Seeing* [Modos de ver] (1972), la envidia es un motor social y la tarea de la publicidad es producirla, modificar las relaciones sociales. De ahí que la publicidad adopte motivos visuales de la historia de la pintura; de ahí que Beyoncé y Jay Z hagan videoclips en el Louvre cantando «I can't believe that we made it», como un matrimonio Arnolfini actualizado; de ahí que la opulencia, el oro, los brillos, la silicona y el látex borden el *scroll*, en lugar de las pieles, el paisajismo y los mármoles que utilizaba la publicidad de los años sesenta y setenta. Las plataformas sociales son lugares persuasivos, la publicidad de la felicidad –de uno mismo y de los demás– suple a la propia felicidad.

■

Cuando Wajcman se pregunta por una política del tiempo alternativa, es inevitable pensar en la nostalgia que describe Svetlana

---

70. Otras plataformas son mucho menos nostálgicas, como la de X, en la que se fomenta la dialéctica y la disputa, o TikTok, donde se ha eliminado la negatividad derivada del sentimiento de nostalgia a partir de contenidos más basados en la extravagancia, los retos o el humor.

Boym como la añoranza de un tiempo diferente; un tiempo que podría ser la manera de vivir el tiempo del niño, o de los enamorados, quizá el ritmo de los sueños y del deseo contra la idea moderna de tiempo vinculada a la ansiedad que provoca la idea de irreversibilidad histórica, de progreso y de acumulación. Sin embargo, según la misma autora, esta nostalgia no está solo vinculada al pasado, sino que puede ser también prospectiva. Quizá dicha nostalgia individual y colectiva, que ha emergido del contexto postsindémico,[71] derive en una política alternativa del tiempo que no tema las ruinas futuras ni el estancamiento productivo ni el desmontaje de los mitos con el que el siglo XX armó el capitalismo.

Una manera de volver a vincular el espacio de la experiencia con el horizonte de expectativas y de romper con el discurso del destino individual es apelar a la memoria y a todo lo que implica, por ejemplo, la recreación de genealogías históricas, los estudios comparados o la revisita de la tradición.[72] Las tradiciones promueven que el horizonte de expectativas pase de ser una cuestión meramente individual a un hecho colectivo y establecen un marco coral también para la memoria. Las tradiciones, por lo tanto, son una herramienta de lectura del presente, antes que un espejismo del pasado. Las tradiciones son una operación de reutilización, de descontextualización, de desplazamiento,

---

71. Muchos expertos consideraron que el COVID-19 no era una pandemia, sino una sindemia, una crisis sanitaria, ecológica, geopolítica...

72. Boym cita a Bruno Latour, que en *Nunca fuimos modernos* (1991) señala que «el tiempo moderno del progreso y el tiempo antimoderno de la "tradición" son hermanos gemelos incapaces de reconocerse: la idea de una repetición idéntica del pasado y la de una ruptura radical con cualquier pasado son dos consecuencias simétricas de una misma concepción del tiempo».

una abertura de posibilidades. O como lo formula T. S. Eliott, citado por Raül Garrigasait: «La tradición no puede ser heredada, si quieres obtenerla debes hacerlo con un gran esfuerzo». Si queremos acceder al pasado, debemos corresponder a ello con dedicación. Ambos gestos requieren una escucha, una travesía de un territorio turbio, una actualización incierta para, por un lado, desdibujar la imagen folclorizada del pasado que la nostalgia y el turismo desbocado podrían llegar a construir; y, por otro, superar la anomia del exceso de información presente. En último término, se trata de poder recuperar aquellos elementos que, como espectros o parásitos de toda forma cultural (no solo de la imagen), vagan sin nombre ni figura en la memoria colectiva y forman parte de lo que Ariella Azoulay denomina «historia potencial». Es una manera de dar voz a aquellos que históricamente no la han tenido, ya sea porque forman parte de los vencidos, ya sea porque forman parte de una clase social que no ostenta la hegemonía cultural. De esta manera, Azoulay, a partir del conflicto palestino-israelí, propone desplazar el «arkhon» (el guardián de los archivos, tal como lo describe Derrida), volver al punto originario en el que se empezó a crear el archivo –aquel 1948–, hacer accesibles sus piezas, mostrar y argumentar su violencia constituyente y el marco legal que lo perpetró, de tal manera que, a partir de este gesto, se pueda comprender el presente. Con la acción de desclasificar y reclasificar se pone en marcha el deseo, la voluntad restitutoria de un pasado incompleto. El diálogo con las tradiciones debe ser poroso, partir de los descosidos y el análisis forense. Restos y rastros no faltan.

Boris Groys, en *La lógica de la colección*, se pregunta qué tenemos que hacer con los desechos culturales que no paran de aumentar y que, a través de los museos y de las instituciones culturales, se transforman en identidades culturales. Según él, lo que vivifica la obra de arte o el documento es que forme parte de una colección. Desde esta lógica, ¿qué valor tendrían las imágenes y los textos que pasan por el *scroll* infinito? ¿Podrán estos desechos convertirse en identidades culturales o quedarán en la memoria *caché* de los dispositivos tecnológicos y en la larga cola residual de las plataformas? ¿Qué imágenes o qué obras pasarán a convertirse en «parásitos de la imagen» recuperables y entrarán en el canon en un mundo de imágenes que no están hechas para perdurar? ¿Cuáles se actualizarán en algún ritual? ¿Cuáles formarán parte de la tradición en un contexto de producción cultural sincrético en el que las modas de la cultura hegemónica duran tan poco que tanto el testigo como el historiador van sin brújula? ¿Qué revisión podrá llevarse a cabo si a menudo estas imágenes y obras se ignoran o se reconstruyen en las versiones lúdicas de inteligencias artificiales recreativas? ¿Qué rol delegaremos a la memoria individual e histórica en un contexto de identidades a la carta y de metaversos?

Cuando Jorge Luis Marzo, Roc Albalat y Fito Rodríguez prepararon la exposición *Biennal 2064* –que se mostró en el Bòlit, en Girona, en 2022–, pensaron la inteligencia artificial desde la cultura de la cancelación y el descarte. Por un lado, planteaban que toda predicción implica una selección y que dicha selección descarta, automáticamente, todo lo demás. ¿Qué pasa con todo eso que queda en los márgenes, el ruido de fondo que queda insonorizado, la historia potencial de la que hablaba Azoulay? A veces, aquello que se ha rechazado se recupera después, no solo gracias a aquellos que peinan la historia a contrapelo; no solo gracias a los que vuelven al pasado para reforzar los mitos o las tradiciones, sino también a causa del azar. Pero dicho pasado tiene que ser accesible. Para que haya una cultura sana del recuerdo, tiene que existir la posibilidad de acceder a los restos, a los rastros. Es necesario fijarse en las plataformas sociales: si en las plataformas basadas en la suscripción o adhesión, como son Instagram, X o YouTube, lo que se ve a menudo es lo que ha sido promocionado o lo que ya ha conseguido más visibilidad (más impacto), en plataformas sociales basadas en las recomendaciones algorítmicas (TikTok) lo que se visibiliza lo determina el propio algoritmo, con un filtro o unas instrucciones generales previas introducidas por humanos.[73] De esta manera, puede decirse que se generan diferentes políticas de descarte. En el primer modelo (el que se basa en el consenso de la mayoría) casi todo es rechazo, en el segundo modelo (básicamente algorítmico) un descarte puede llegar a primera línea de visibilidad, aunque la probabilidad sea baja. Resulta difícil acceder a la información especializada o a aquella que no goce del privilegio del interés general (*mainstream*). El mensaje existe, se publica, pero no llega. Por lo tanto, el mecanismo de comunicación –diría Wiener– falla. Es necesario hurgar en la basura de la historia, hacer de minorista de las ideas, soldar genealogías.

El equipo de *Biennal 2064* trabajó sobre la idea de hiperstición y del *backcasting*. La hiperstición es un concepto desarrollado por los aceleracionistas Nick Land y la Cybernetic Culture Research Unit, que contaba, además de Land, con

---

73. Estas personas son los *pushers*, encargados de valorar los vídeos que reciben muchas visitas y de empujarlos o promocionarlos más. La media de vídeos semanales que revisaban en 2024 era de 14 000.

Mark Fisher y Sadie Plant, entre otros, y que se disolvió en 2003. Se refiere a hacer real el futuro, a plantear una ficción que se convierta en el futuro que predice, una retroalimentación cultural positiva, la «tecnociencia experimental de las profecías autocumplidas». Expertos en *marketing* y filósofos comparten teorías sobre la necesidad de construir futuros deseables, cada cual desde su ámbito. En el mundo empresarial se ha hecho famosa la teoría del *backcasting*, un método de planificación que parte de la definición de un futuro deseable a partir de viajar hacia el pasado para identificar las políticas y los programas que se orienten hacia dicho futuro y lo hagan posible. Tanto la hiperstición como el *backcasting* son herramientas que se pueden utilizar para la historia potencial (una política del tiempo alternativa) a la manera de Azoulay, o para crear fantasmagorías heterogéneas (el «Y si...») a la manera de la *off*-modernidad de Boym como una forma de evitar la modernidad y la antimodernidad; pero también pueden ser pretextos para reforzar la historia oficial o identificar modelos conspiranoicos que conduzcan a respuestas populares reaccionarias.

RESUCITAR O DESAPARECER

Damos nuestro día a día a las plataformas sociales a través del *lifelogging* o recopilación de datos vía sensores portátiles. El objetivo de esta «escucha social» es capturar el máximo número de datos posible y así extraer información de los perfiles. Algunos proyectos impulsados por Microsoft, como MyLifeBits (desde 2001), de Gordon Bell, se han dedicado a crear un sujeto experimental a partir del registro de toda su vida digital, inspirándose en el Memex (1945), de Vannevar Bush, que permitía archivar, buscar e indexar información personal a partir de una serie de documentos. Artistas como Diego Díaz y Clara Boj han convertido su huella digital en proyectos artísticos, tal como lo hacen en *Data Biography* (2017), una biblioteca física de 365 libros impresos que muestran la huella digital generada por la pareja durante el año 2017. Los libros han sido creados automáticamente a partir de los datos capturados por una aplicación comercial diseñada para espiar teléfonos móviles y que recopila la información extraída de la huella digital en redes sociales, mensajería móvil, correos electrónicos, webs visitadas, búsquedas en los navegadores, localización...

A finales de enero de 2021 se materializó la posibilidad de que las inteligencias artificiales hicieran aquello que el humano nunca podrá realizar: resucitar a los muertos, es decir, recrear conciencias a partir del uso del poder sensorial inscrito en la huella digital de las personas. Microsoft presentó una patente de IA para desarrollar un chatbot que podría resucitar digitalmente a personas muertas o simular una versión de uno mismo a una edad específica; un sistema de respuestas predefinidas a partir de datos de la persona desaparecida. Encontramos los precedentes en 2020 en el documental surcoreano *Meeting you* en el que se recreaba, en forma de holograma, una niña que había fallecido; o en el regalo que Kanye West le hizo a Kim Kardashian, un holograma de su padre difunto que pronunciaba un breve y emotivo discurso basado en «datos» reales. El padre recordaba a Kardashian de pequeña, se refería a una canción que escuchaban cuando iban a la escuela, subrayaba sus raíces armenias y se mostraba orgulloso de su hija. En estos casos no había interacción, mientras que en la aplicación Eterni.me (2015) ya incorporaron esta posibilidad. Se trata de un proyecto piloto: una aplicación para poder hablar con los muertos. Con el eslogan «¿Quién quiere vivir para siempre?», 46 000 personas se apuntaron en poco tiempo en la fase experimental del proyecto. Lo que aquí se manifiesta es la figura del transhumano, el prometeico sueño de magnates como Ray Kurzweil, que quieren dejar de ser cuerpo para pasar a ser información, tal como lo hace la protagonista de la serie *Years and Years* (2019). De momento, ninguno de estos experimentos ha progresado. Lo que sí podemos encontrar como aplicación es HereAfter, una IA que registra la historia de la vida de la gente a través de una entrevista para poder, posteriormente, recuperar la voz bajo la forma de un chatbot o asistente virtual de voz.

Si la muerte ya no forma parte del horizonte humano, si ya no es el eje a partir del cual gira el sentido de la vida, entonces, ¿cuáles serán las experiencias determinantes que configurarán la subjetividad y los rituales sociales? Y si toda la actividad digital humana determina una posible «hipervida», ¿no se convertirá en un condicionante demasiado fuerte, un fuera de campo que regirá toda nuestra vida, una alerta permanente? ¿No conducirá a la autocensura, a la fiscalización de las acciones y al control moral, al neopuritanismo o a nuevas normas y protocolos sociales? Y dado que el ser humano se hace a sí mismo a través de la experiencia de la duración, ¿cómo evolucionará esta identidad artificial? ¿Cambiará como lo hace la conciencia?

Decía Montaigne que quien aprende a morir aprende a no servir, se libera de todo lazo y coacción. La posibilidad de ser recreado en un cuerpo-máquina reduce la vida a una serie de versiones en una especie de hipótesis identitarias. Lo que uno es mientras vive es una versión beta que servirá para la versión aumentada cuando el cuerpo se apague. Identidades hipotecadas por el yo futuro, «seres disciplinados para mirar como máquinas», como dice Kate Crawford, viviendo una vida provisional, protocolaria, material en bruto (*raw material*) para la futura máquina. Una versión tecnoutópica del progreso, una escatología prometeica en la que el superyó es sustituido por el yo-máquina.

■

En aplicaciones como Tinder, se anulan periódicamente las cuentas que llevan un mes sin ser utilizadas. En el caso de X, las cuentas se eliminan si un familiar del usuario (difunto) lo pide. En 2023 se estimaba que en Facebook había entre diez y treinta millones de personas muertas de un total de 2 700 millones de usuarios. De hecho, hay algunos estudios que indican que llegará un momento, entre 2065 y 2100, en el que la plataforma tendrá más muertos que vivos. Facebook será, podríamos decir, un gran cementerio. La política de la empresa es que, cuando fallece un usuario, o bien se elimina su cuenta expresamente o bien se deja abierta con finalidades conmemorativas para que la gente puede dejar en ella, igualmente, mensajes. Desde 2019 se puede legar las cuentas mediante un testamento legalmente vinculante. En España existe el Reglamento General de Protección de Datos 5/2018 que adapta el reglamento europeo en esta materia. En él se incluye el «derecho al olvido» o a la posibilidad de que los usuarios requieran que sus datos desaparezcan o no dejen rastro en la red. Esta convivencia entre la información que ha caducado y la vigente, entre el pasado y el presente, entre los vivos y los muertos, hace de la red un espacio espectral.

2

EN EL VIENTRE DE LA MÁQUINA

INMERSIÓN

Dime la verdad, ¿todavía seguimos en el juego?

eXistenZ, de DAVID CRONENBERG

En los siglos XVIII, XIX y XX se crean un montón de artefactos que nos invitan a aventurarnos en el mundo desde un ocular-centrismo que hace que el ciudadano quiera ver con todo el cuerpo. Lo encontramos en las fantasmagorías (linterna mágica) del siglo XVIII y en los panoramas, de la misma época, que integraban al espectador,[74] en cuerpo y alma, en el entorno creado o en el paisaje como espectáculo. Hablamos, por ejemplo, de los panoramas de Pierre Prevost y de Robert Barker, o de los montajes de daguerrotipos de William Southgate Porter en Fairmount, en el siglo XIX. Para Silvia Bordini, el panorama y la *room of illusion* [habitación de ilusiones] representan dos versiones de la misma fantasía: el mirador romántico, la recreación

---

74. Estas primeras ideas sobre los panoramas provienen de la tesis doctoral de Pere Freixa *Fotografia panoràmica i representació del territori. Una aproximació a les Rutes Amagades de Mallorca de Jesús García Pastor (1964-1980)*, 2010.

185

idealizada de un territorio que se proyecta al infinito. El dispositivo panorámico, señala Bernard Comment, procura a cada individuo el sentimiento eufórico de que el mundo se organiza a su alrededor. Durante unos instantes, la ficción del panorama se impone, desdibuja su carácter ilusorio y hace creer al visitante que el mundo se expande y se organiza en diálogo con el individuo que lo observa.

Hay estudios que analizan la coincidencia entre su aparición y la del origen de la ciudad moderna, industrial. Una ciudad que se llena de humos, de fábricas, de ferrocarriles, de edificios construidos con la urgencia del capital, una ciudad que incorpora el metal y el vidrio. El panorama, entonces, es la antítesis de la manera de vivir la ciudad, con su ritmo desenfrenado, y convence al ciudadano de que todavía puede conservar su individualidad si controla el territorio a través del ojo, un ojo que cree que lo ve todo y que, en la medida que mira, es visto. Los panoramas y las linternas mágicas añadían un segundo elemento importante: la sensación de ubicuidad, de estar dentro de un mundo recreado.

Jonathan Crary señala que hay un antes y un después en la historia de la tecnología a partir de la aparición de la estereoscopía. Si bien el descubrimiento de la cámara oscura no cuestionaba el lugar del espectador, que mantenía su subjetividad diferenciada del aparato y sus juicios en marcha, el visor estereoscópico con su efecto 3D y su visionado individual añadía a la imagen no solo más realismo, sino también una experiencia óptica basada en la visión individual con un artefacto que era como una prótesis. Su popularidad llegó en 1850. «A lo largo del siglo XIX, el observador tuvo que operar cada vez más en el interior de espacios urbanos escindidos y desfamiliarizados, de las dislocaciones perceptivas y temporales de los viajes en tren, el telégrafo, la producción industrial y los flujos de la información tipográfica y visual»,[75] dice Crary. Es decir, la configuración de la subjetividad era indisociable de aquel nuevo contexto perceptivo basado en el dinamismo, el fragmento, las multitudes y la aceleración. Pero, además, Crary no solo analiza el dispositivo, sino también el tipo de imágenes que eran más populares, muchas de ellas vinculadas con estampas exóticas de países que se encontraban en las rutas coloniales o imperiales.

El recurso a la realidad virtual y la popularización de las gafas Oculus Rift es una continuación natural de esta misma historia. La inmersión en estos espacios se hace sin posibilidad de tránsito, de manera abrupta. Quizá por ello la experiencia que se deriva arrastra un elemento de violencia y de pérdida, también de renuncia. Establece una jerarquía entre el mundo de la imagen simulada y el mundo de fuera. Hoy, como entonces, neurólogos (antes llamados «fisiólogos») y animadores [*entertainers*] trabajan juntos. La subjetividad actual está condicionada y compuesta por otros factores tecnológicos como son el capitalismo de plataforma, la tecnoburocracia, la poshumanidad y todos los mitos y dinámicas asociados a estos tres ámbitos sociales, económicos y filosóficos. Los dos conceptos son parecidos. De hecho, no es de extrañar que en el capítulo dedicado a la estereoscopía, Crary cite a Marx: «En cuanto el hombre, en lugar de trabajar con la herramienta sobre el objeto de su trabajo, se convierte en una simple fuerza motriz de una

---

75. Jonathan Crary, *Techniques of the Observer*. Cambridge (MA): The MIT Press, 1992, pp. 10-11; *Las técnicas del observador. Visión y modernidad en el siglo XIX*. Murcia: E.P.R. Murcia Cultural S.A., 2007.

máquina-herramienta, no es sino por un simple accidente que la fuerza motriz se disfrace de músculo humano, y puede muy bien adoptar la forma del viento, del agua o del vapor». Podríamos decir que la tecnología contemporánea se aleja del utilitarismo de la modernidad y gira hacia un conjunto de dispositivos en el que el individuo se convierte en la fuerza motriz del dispositivo, «una máquina-herramienta», como decía Marx, y el propio producto.

Esta inmersión se rompió cuando apareció la pantalla de cine y, posteriormente, la pantalla de televisión, como espacio fronterizo entre el espectador y el espectáculo. Pero, en los años cincuenta y sesenta, el individuo volvió a pensarse a partir de la relación entre la fisiología, la percepción o la atención, y el cerebro. No solo porque fueron dos décadas muy activas en experimentos psicosociales en manos de conductistas, sino también con experimentos formales como los de Charles y Ray Eames, con la instalación *Think* (1964) en el pabellón de IBM de la Feria Mundial de Nueva York. En *Think* integraron el movimiento *hippy* y la revolución cibernética en un dispositivo que se olvidaba de los aspectos simbólicos de las imágenes, para centrarse más en la relación pantalla-cerebro. La sala de proyección era un teatro ovoide con un sistema multipantalla (catorce pantallas grandes y ocho pequeñas) basado en el fragmento y en la heterogeneidad de las imágenes, todas coordinadas entre sí, creando una experiencia cinematográfica inmersiva que se anticipaba a la noción de hipervínculo. De hecho, es propio de la naturaleza del hipervínculo la potencia de lograr asociaciones inéditas, incluso rupturistas, de perderse en la propia navegación, en un vértigo suave, en busca del tiempo desdoblado y alucinado de la constelación de imágenes. Proyectos como el de los Eames ponen de relieve el intersticio, el espacio entre imágenes que hace de vínculo, que encuentra la asociación, el nexo, el significado, a veces desde la diferencia o disparidad, en el que las cuestiones individuales y colectivas se mezclan. Se trata del hecho de que tanto la memoria como el pensamiento son una operación de montaje que el individuo realiza él mismo y de manera no repetible. Esta perspectiva se pierde cuando la tecnología evoluciona para reforzar el carácter inmersivo y hedonístico de la realidad virtual, para componer un espacio caparazón sustitutivo de la vida real.

■

Es propio de la neurocultura, o de la cultura que hace del cerebro su superficie de interacción prioritaria, que la máquina se erija como un mundo autónomo que pretende mantener al usuario en su seno mientras le brinda la falsa sensación de poder gobernar el mundo desde el corazón del espectáculo, haciendo creer a aquel que se instala dentro de la máquina que lo que ve es lo que posee, tal como nos han explicado ficciones como *Videodrome* (1987), *eXistenZ* (1999), ambas dirigidas por David Cronenberg, o *The Matrix* (1999), de las hermanas Wachowski.

En *Videodrome* todavía existe una clara distinción entre el mundo de ficción y el mundo real, a pesar de que el programa de televisión protagonizado por Brian Oblivion muestre que la pantalla de televisión se ha convertido en la retina del ojo de la mente y se predique la «nueva carne» (*the new flesh*), hecha de prótesis y cuerpos multipenetrables. En 1999 se estrenaron, al mismo tiempo, *The Matrix* y *eXistenZ*, y David Le Breton publicó *L'Adieu au corps*. En estas dos películas la distinción entre los dos mundos es difícil de captar. Si en *eXistenZ*, la conexión con el mundo virtual pasa por una especie de cordón umbilical y prótesis tecnoorgánicas con las que el jugador controla y es controlado al mismo tiempo, en *The Matrix* se hace a través de un sistema digital de terminales electrónicas equipadas con *software*. Mientras que los «liberados» de Matrix viven como nómadas por el espacio y se conectan con la matriz a través de *software*, los esclavos tienen el cuerpo hipotecado, crecen en placentas artificiales para servir como energía para el mundo de las máquinas. Los humanos viven dos vidas al mismo tiempo, en dos planos subconscientes: en ciudades hechas de cultivos de humanos en letargo y en el mundo de Matrix, en lo que en la película se llama «el desierto de lo real», en homenaje al filósofo Jean Baudrillard. El tema de la energía no es banal: en el capítulo 2 («Fifteen Million Merits») de la primera temporada de la distopía hiperrealista *Black Mirror*, los humanos viven en una gran fábrica audiovisual de entretenimiento a la carta y dedican una parte de su tiempo a pedalear en una sala de bicicletas estáticas para dar energía al sistema. El capitalismo de hoy en día, que podríamos denominar narcocapitalismo o neurocapitalismo, expropia la energía de los ciudadanos a través de todo tipo de mecanismos (plataformas sociales, gimnasios, aplicaciones diversas, IA...) y la utiliza como materia prima. La recompensa del individuo es neurológica: la segregación de endorfinas, también llamadas «las hormonas de la felicidad», a cambio de conexión, de interacción virtual.

Tanto en *eXistenZ* como en *The Matrix*, la posibilidad de un mundo virtual alejado de la realidad engendra una población de nuevos luditas que luchan contra el sistema-máquina (*The Matrix*) y la máquina-sistema (*eXistenZ*). Así se plantean preguntas sobre la diferencia entre el sueño y la realidad, entre la vida modulada y la vida libre y autoconsciente, aunque el precio a pagar por la realidad sea una vida más pobre en lo relativo a los entornos y las experiencias hedonistas basadas en el infoestímulo. El aspecto clave que hay en ambas ficciones es el hecho de que la disciplina se ha abandonado al control difuso gracias a las tecnologías de inmersión audiovisual. Edgar Morin decía sobre las primeras proyecciones públicas de cine en 1895: «La gente no abarrotaba el salón Indien por lo real, sino por la imagen de lo real». ¿Podríamos decir lo mismo sobre los entornos inmersivos? ¿La gente se enquista en entornos virtuales más por la imagen recreada o simulada que por la experiencia de la simulación? Los que ponen énfasis en estas imágenes lo hacen porque pretenden que este material sea compartido socialmente a través de comentarios o como experiencia visual, sin perder el punto de vista ni la distancia afectiva y cognitiva. En cambio, aquellos que ponen el acento en el proceso de simulación en sí, lo que premian es la experiencia narcótica privada.

Cuanto más inmersos estamos en estos entornos, menos atención prestamos al mundo interior; quizá esta penetración en la simulación podría permitir que nos alejáramos de la persona, del exceso del yo, si no fuera porque el diseño de la narrativa de estos entornos inmersivos está pensado desde el melodrama o la épica, con tramas de guerra en las que la suprema primera persona del singular es su último superviviente. En todos los casos, el objetivo de las empresas es que el usuario permanezca en el entorno virtual el máximo tiempo posible, que toda su energía vaya a parar ahí.

A veces, estas experiencias inmersivas tienen un elemento transformador, tal como vemos en proyectos como «The Machine to be an Other», de BeAnotherLab, que permite –a través de un sistema de realidad virtual con unas gafas Oculus Rift– ponerse, literalmente, en el lugar del otro, virtualmente en el cuerpo del otro. El usuario ve lo que está viendo otra persona, de tal manera que un hombre puede «encarnar» –desde la percepción óptica y el engaño del cerebro– a alguien del género contrario o a un cuerpo con otras extremidades, incluso si el que mira carece de ellas. También encontramos usos médicos de estos tipos de dispositivos, por ejemplo en enfermos de Alzheimer, a los que proporcionan imágenes que los transportan a otras etapas de su vida con el fin de hacer trabajar la memoria de tiempos pretéritos. Estos productos inmersivos son un contrapunto a la idea de «mundo como cuadrícula» que ha imperado a lo largo del siglo xx. Pero lo que más prevalece es la tecnología inmersiva desde la cultura *gamer*, ya sea en espacios como L'ideal [Centro de artes digitales de Barcelona] que transforman obras de arte clásicas en paisajes digitales como un nuevo mirador romántico, o con la popularización de los videojuegos masivos en línea, sobre todo aquellos de acción violenta basados en la primera persona y el plano subjetivo (*First-person shooter*, conocidos por sus siglas FPS). Estos tipos de vídeos empezaron a ser lanzados al mercado en las décadas de los setenta y ochenta, pero fue a partir de finales de los noventa y principios del nuevo siglo cuando llegaron a las grandes multitudes, casi siempre con argumentos de acción en los que es necesario disparar continuamente. Un punto de vista que ya anticiparon videojuegos como el *GTA* o el *Shenmue*, en los que el jugador podía moverse libremente por el entorno virtual (*free quest*). El artefacto cultural, como pasaba con el estereoscopio, ocupa todo el espacio, la interfaz queda desdibujada y el individuo es el gran protagonista, él y su sistema nervioso.

El metaverso, o entorno digital, concentra grandes dosis de lo que podríamos llamar «idealismo digital». El metaverso bebe de la tradición de los multiversos (el conjunto hipotético de universos más o menos independientes, entre los que se encontraría el nuestro), un concepto que se originó en el ámbito de la psicología[76] y siguió en la física y la ciencia ficción gracias a teorías como la de los universos paralelos.[77] Dos ejemplos de esto son iniciativas como los metaversos Meta (Facebook, 2021) o Earth 2 (Tesla, 2021), creados después del confinamiento a causa del COVID-19. Si el mundo real se ha convertido en una amenaza, si la pandemia multiplicó enfermedades como la agorafobia o la ansiedad, ¿por qué no construir un mundo burbuja al margen de los patógenos y del contacto entre humanos? Meta parte del eslogan «Creemos en el futuro de las conexiones en el metaverso». La palabra «conectar» ha adquirido mucho valor desde aquel visionario eslogan «Nokia, connecting people» del

---

76. William James (1842-1919), filósofo y psicólogo norteamericano, se afilió a lo que él denominaba «empirismo radical», que lo llevó tanto a estudiar la psicología individual como aquella que entra en juego en la religión.

77. Hugh Everett III y George E. Pugh, «The Distribution and Effects of Fallout in Large Nuclear-Weapon Campaigns», *Biological and Environment Effects of Nuclear War*, audiencias antes del Special Sub-Committee on Radiation of the Joint Congressional Committee on Atomic Energy, 22-26 de junio, 1959. Washington, D.C.: U. S. Government Printing Office, 1959.

LA SOCIEDAD DEL CEREBRO

2004. Hoy en día todo es conectar y compartir experiencias; de hecho, la conexión es lo que crea la condición de posibilidad de la propia experiencia.

En febrero de 2021, Elon Musk, Joe Rogan y otros emprendedores se unieron para hablar de Earth 2, convencidos de estar viviendo los inicios de una futura «existencia virtual».[78] A la manera del cuento «Del rigor de la ciencia», de Jorge Luis Borges, querían diseñar un nuevo mundo virtual a escala 1:1 respecto del planeta Tierra. Un lugar donde la gente pueda estar, construir, consumir... En el fondo, se trata de lo de siempre: abrir nuevos mercados en un mundo que, por naturaleza, es limitado. Prometen que los juegos serán indistinguibles de la realidad, que serán accesibles y gratis para todos, con posibilidades ilimitadas. La banda sonora está configurada a partir de sonidos naturales, de la misma manera que el paisaje que ofrecen está basado en una recreación de la idea de edén primordial con su naturaleza arcaica o su noción de ruina reconstruida.

La industria del videojuego siempre ha tenido como uno de sus objetivos la utilización de imágenes cada vez más fotorrealistas. Esto ha llevado a un equipo de investigadores a dotar de gran realismo el juego *Grand Theft Auto V*. En un artículo académico de 2021 titulado «Enhancing Photorealism Enhancement»,

78. La terminología es la que ellos utilizan, pero «virtual» también es todo aquello que no es visible pero afecta la manera que tenemos de conocer y relacionarnos, como la memoria, el lenguaje o la imaginación. Una definición de «virtual» más cercana a Bergson y Deleuze que a los tecnócratas. Cuando Musk y Rogan hablan de «virtual», lo hacen como equivalencia de «digital». También utilizan «realidad alternativa», sustituyendo la designación de «realidad aumentada» y poniendo énfasis en el carácter adversario del mundo virtual en relación con el mundo real.

Stephan R. Richter, Hassan Abu Al Haija y Vladlen Koltun utilizaron una inteligencia artificial para hacer que las imágenes del videojuego fueran muy próximas a la realidad, alejándose, cada vez más, del «como si», de la simulación. De esta manera, el punto de vista subjetivo se añade a un entorno visualmente tan material que el usuario tiene la sensación de presencia situada, de vivir ahí. Estos intentos de verosimilitud permiten que el usuario reconozca el entorno y se confíe a él, se abandone a él sin extrañeza, trasladando sus códigos visuales naturales a un entorno prefabricado.

Las gafas de realidad virtual Meta Quest también se utilizan en el ámbito laboral. «Trabajar sin limitaciones», reza el eslogan en una sección de la empresa llamada «Productividad». Esta desaparición de los límites que anuncian lleva la productividad a la máxima potencia, pero también implica perder la separación entre lo personal y el trabajo; desintegrarse en pro del máximo rendimiento. Una frase como «Lleva el trabajo al siguiente nivel» ejemplifica de qué manera la «cultura *gamer*» y su lenguaje se han instalado en las actividades productivas y en las relaciones afectivas. Es la herencia de la invención de la llamada «clase creativa» por parte de gurús neoliberales como Richard Florida a finales de la década de los noventa, y la consideración del trabajo como espacio flexible de generación de capital cultural y creativo –que tenía que llevar el trabajo a la autorrealización– y que ya fue cuestionado por intelectuales como Guy Standing, Yann Moulier-Boutang, Tiziana Terranova, Franco *Bifo* Berardi, George Caffentzis o Maurizio Lazzarato. En un nuevo intento, el capitalismo neoliberal, bajo la forma del capitalismo de plataforma, intenta la creación de un modelo de trabajo lúdico a partir de las promesas vinculadas con la realidad virtual y la inteligencia artificial. Hay que añadir que Meta Quest se vende como una herramienta de formación que, según indica la empresa, «es como estar dentro de internet».

El acceso a Meta tiene una triple puerta de entrada: con el dispositivo de gafas Meta Quest, la realidad aumentada a partir del teléfono móvil y las gafas inteligentes. El sustantivo *quest* significa 'búsqueda', y evoca las grandes gestas, las odiseas clásicas. Por lo tanto, se presupone que estos universos paralelos son espacios para la épica, la recreación del viaje del héroe, un marco para pasar pantallas de batallas sin fin. Susan Sontag, en *Ante el dolor de los demás* (2003), relata que el primer día de la batalla del Somme, el 1 de julio de 1916, murieron o resultaron gravemente heridos sesenta mil soldados británicos, treinta mil de los cuales en la primera media hora. Al cabo de cuatro meses y medio de lucha, se habían producido 1 300 000 bajas, y los frentes británico y francés habían avanzado unos siete kilómetros. La estampa es aterradora, no solo por el número de muertos, sino también por la escala espaciotemporal. Las fotografías de la guerra de Crimea de Roger Fenton también muestran este estatismo. No hay pasapantallas ni épica en el frente, sino putrefacción, espera y el dolor de los demás. Pero la vida a veces toma las vestimentas y los resplandores trágicos del espectáculo. Con la entrada al siglo XXI, Estados Unidos empezó la guerra de drones en Oriente Medio, un tipo de guerra que se ha dado a conocer públicamente a partir de 2020, sobre todo con el conflicto entre Ucrania y Rusia, y los ataques de Israel contra el pueblo palestino. La guerra con drones convierte el campo de batalla en un videojuego. El hecho de que la prensa tenga dificultades para acceder a las zonas de conflicto hace que la resistencia genere su propia iconografía. Los ciudadanos palestinos graban (y difunden a través de las redes sociales), en primera persona y en tiempo real, las matanzas perpetradas por el Gobierno de Israel, unas imágenes imposibles de mirar. Es aquello que ya observaba Virginia Woolf en *Tres guineas* cuando decía que «la manera más rápida de comunicar la conmoción íntima que provocan estas fotografías [las de guerra] es notar que no siempre podemos deducir de ellas el sujeto, de tan completa que es la aniquilación de la carne y de la piedra que retratan». Estas imágenes vehiculan la mirada neurótica y desesperada del vivo entre los trozos de muertos que lo rodean. Como en un videojuego de caza y captura, la cámara busca en todas direcciones, pero ¿qué busca? qué busca? Simplemente, testimoniar el dolor. Sontag decía que los únicos que tenían derecho a retratar imágenes de guerra eran aquellos que las sufrían. El punto de vista no es el del héroe déspota que va de batida, sino el del desesperado superviviente de la tragedia y su mundo en ruinas.

EL MUNDO BÚNKER Y LA FASCINACIÓN POR LAS RUINAS

> Creo en el misterio de los aparcamientos de los centros comerciales. En la poesía de los hoteles abandonados.
>
> J. G. BALLARD

El búnker es un tipo de arquitectura burbuja que se introdujo durante la Segunda Guerra Mundial y que protegía de los bombardeos aéreos gracias al hierro y al hormigón con los que estaban construidos. La arquitectura búnker y los mundos burbuja de las infraestructuras digitales se construyen desde el cuestionamiento del futuro del planeta Tierra y, al mismo tiempo, desde la capitalización del miedo y la desconfianza ante el otro. Según diferentes estudios, se calcula que, cuando Donald Trump fue elegido presidente de Estados Unidos en 2017, la demanda de búnkeres creció un 700 %. Podríamos pensar que esto se debía a su política negacionista en relación con el cambio climático y con la prepotencia irracional y desmedida que lo caracteriza. Proyectos como el refugio DBX o The Seasteading Institute son ejemplos de arquitectura al servicio de la supervivencia. El DBX es una vivienda subterránea de lujo de 1 200 m² diseñada por el estudio Abiboo que permite que diez personas vivan en ella encerradas durante un año ante una situación de catástrofe. Este mismo estudio profesional está ideando refugios para vivir en Marte. El pánico pospandémico y ambiental es tan grande que el arquitecto Uriel Fogué ha recopilado toda una serie de proyectos que se están llevando a cabo como posible respuesta a la amenaza vírica, climática o nuclear.[79] Algunos, como Survival Condo, son refugios dotados de lo que los promotores llaman «luxury survival living technology» [tecnología de supervivencia de lujo], en los que pueden vivir hasta setenta y cinco personas durante cinco años, en pisos con un coste de entre un millón y medio y tres millones de euros. El complejo tiene piscina, gimnasio, cine…, todo aquello a lo que los grandes centros comerciales nos han acostumbrado. Los apartamentos ya están vendidos y están hablando con inversores para construir diferentes «búnkeres» nuevos en Japón,

---

79. Uriel Fogué, *Las arquitecturas del fin del mundo*. Barcelona: Puente Editores, 2022.

Corea del Sur, Canadá, Oriente Medio, Inglaterra y España. También encontramos proyectos para refugios de un lujo extremo en la República Checa, como The Oppidum, que enlazan la arquitectura de las atalayas fortificadas antiguas con la imagen del paraíso, a precios colosales.

«Reimaginando la civilización con comunidades flotantes», dice el eslogan del Seasteading Institute. A los empresarios que ya están impulsando proyectos de ciudades flotantes los denominan *aquapreneurs*. La idea principal es crear zonas políticamente autónomas, privadas, al margen del servicio público, y que cada proyecto cumpla con los ocho mandamientos de sus promotores: «que pueda enriquecer a los pobres, curar a los enfermos, alimentar a los hambrientos, limpiar la atmósfera, restaurar los océanos, convivir armoniosamente con la naturaleza, empoderar el mundo y vivir en paz». Demasiado bonito para ser verosímil. Las iniciativas que surgen, sin embargo, están relacionadas con la creación de espacios privados de lujo y con la expropiación energética. La ideología subyacente de estos proyectos es el individualismo radical y un nuevo mercado de lujo basado en el miedo al que muchos denominan «el acontecimiento» (*The Event*), un cataclismo que acabará con una parte importante de la población. Contra el apocalipsis, el mar se convierte en compromiso de seguridad y abundancia, un mito que ha sido recogido por la imagen del Paraíso y de la tierra prometida de la Biblia, o historias como El Dorado o la fiebre del oro. La forma insular ofrece aislamiento, seguridad y protección.

Por ello, conceptos como el de «planetariedad» o «condición planetaria» propuestos por filósofos como Günther Anders (desde 1960), Achille Mbembe, Peter Sloterdijk o Yuk Hui son importantes para volver a poner en valor los problemas globales y darles la escala adecuada. Otro concepto capital, en este contexto, es la idea benjaminiana de «ruina», el establecimiento de un entretiempo a medio camino entre el pasado y el futuro. Según Svetlana Boym,[80] el siglo XXI entra de lleno en una «extraña ruinofilia, una encarnación material de una nostalgia prospectiva que va más allá de las cometas posmodernas. En nuestra creciente era digital, la ruina aparece como una especie en peligro de extinción, como encarnaciones físicas de las paradojas modernas». Es decir, las ruinas nos plantean una pregunta, un recordatorio y un deber con el pasado y con el futuro, hacen del proyecto civilizador un espacio abierto, inacabado; cuestionan el inmaculado progreso desde el recuerdo crítico.

Sin embargo, las ruinas también anulan el juicio cuando son objeto de fascinación. No sería extraño pensar que, para los integrantes del Seasteading Institute, la tierra firme sea el lugar de la escasez donde las ruinas civilizadoras han engendrado un nuevo turismo a base de miseria y exotismo. El *ruin porn* [la pornografía de las ruinas] es una práctica cultural que promueve un fetichismo asociado a las ruinas contemporáneas, deudoras de la industrialización. Es un género muy popular en la cultura norteamericana, teniendo en cuenta que el país tiene una historia muy breve y que, por lo tanto, las ruinas no acumulan siglos, sino décadas, y están muy vinculadas al desarrollo del capitalismo y sus ciclos de producción residual. El objetivo es pasearse entre las ruinas de lo que fueron parques de atracciones, fábricas, hoteles, viviendas, aeropuertos… como experiencia estética

80. Svetlana Boym, *The Off-Modern*. Nueva York: Bloomsbury, 2017.

y extática, signo de supervivencia y progreso. Muchas películas de terror están inspiradas en el *ruin porn*. Quizá, deambular por esos lugares medio abandonados, donde los humanos casi no hacen acto de presencia más que como meros espectadores puntuales, recuerde una especie de pasado glorificado, aquel en el que se podía gozar del turismo antes de las grandes masas, explayarse en los parques de viviendas comunitarias, relajarse en los lugares de ocio de proximidad, celebrar la producción industrial local antes de que se externalizara la mayor parte. Así, no se está lejos de Albert Speer, arquitecto del Tercer Reich, cuando glorificaba las ruinas grecorromanas para trasladar, arquitectónica y emocionalmente, al pueblo hacia allí. Sagas como *Jurassic Park* (1993-2022) o series como *The Last of Us* (2023) parten de esta cultura nostálgica de la ruina. Este deleite no es nuevo. Es el relato del aventurero solitario que se enfrenta solo a la catástrofe, que ronda entre los restos o se arma para forzar una última oportunidad *in extremis* mientras recurre a la tecnología para buscar nuevos mundos habitables.

Algunas otras películas plantean las consecuencias de un mundo en ruinas a partir de la bunkerización de la arquitectura a manos de los megarricos, como *Elysium* (2013), *Los juegos del hambre* (2012) o *Cosmopolis* (2012), las tres, producidas en el contexto de la crisis económica y financiera que estalló en 2008, trataban de la lucha de clases y de la desesperación proletaria. La multitud, precaria y enfurecida, se rebela en las calles, en los barrios o en los suburbios. Según McKenzie Wark, la nuestra es una época que ha pasado del mito de Hermes (la trascendencia) y de Iris (la inmanencia) al de las Furias (la red), que es una figura que responde tanto a la del «enjambre conectado» como a la del «proletariado»[81] contestatario y cansado. El búnker protege al patrón del «no» de un proletariado desposeído y de una tierra gastada que se rebelan juntos.

■

Venimos de la «vergüenza prometeica» descrita por Günther Anders cuando reflexionaba, en los años cincuenta, sobre los efectos de la bomba atómica y la amenaza nuclear; cuando, según él, la especie humana se debatía, públicamente, entre ser o no ser, entra la paz y la aniquilación. Venimos de Svetlana Aleksiévitch cuando, a finales de la década de los noventa, escribió sobre el desastre de Chernóbil del 26 de abril de 1986 y nos hizo conscientes de que con aquella catástrofe se había roto el hilo del tiempo y, por lo tanto, también la idea de una humanidad posible, incluso la propia idea de un futuro posible. Veinte años después de la catástrofe apareció el videojuego *S.T.A.L.K.E.R.: Shadow of Chernobyl* (2007), un FPS que narra la historia de un lugar llamado «La Zona», situado en la central nuclear de Chernóbil y en la ciudad abandonada de Prípiat, en el que el jugador tiene que luchar contra mutantes afectados por la radiación. Como si se tratara de una versión siniestra del *Stalker* de Tarkovski, la historia se relata desde la brutalidad del disparador. La autodefensa homicida ha sustituido la esperanza. Las versiones no se hicieron esperar: *Clear Sky* (2008), *Call of Pripyat* (2009)... Más de treinta años después del día fatídico, apareció una serie como *Chernobil* (2019), que intenta hacer ver lo

---

81. Michael Hardt y Antonio Negri, *Empire* (2001); *Imperio*. Barcelona: Paidós, 2005.

que pasó y cómo se gestionó el desastre; o una película como *Oppenheimer* (2023), que penetra en el proyecto Manhattan y que reduce la amenaza nuclear a los dilemas morales de un genio incomprendido, un salvapatrias atormentado. Hollywood ha sido el «museo de los accidentes» perfecto y un espacio idóneo para blanquear o despolitizar las disyuntivas morales de la historia y sus ruinas.

El imaginario del desastre construido por la industria cinematográfica se ha utilizado para alimentar, por un lado, el mito de la abundancia y, por otro, el conformismo social, dos elementos esenciales del capitalismo neoliberal.

En 2008, Subhabrata Bobby Banerjee, en un artículo académico, utilizó el término «necrocapitalismo» para describir el capitalismo con un nuevo enfoque, a partir de las formas contemporáneas de acumulación organizativa que implican la desposesión y la sumisión de la vida al poder de la muerte. David Harvey se refería a él como «acumulación por desposesión». Si las películas de 2010 a 2015 recogían el pesimismo social posterior a la crisis económica de 2008, en los últimos años, el relato que ha popularizado Hollywood y la producción audiovisual más *mainstream* tienen más que ver con el Antropoceno y sus Fridays for Future, la emergencia climática, la Extinction Rebellion, la justicia climática y la crisis energética. El COVID-19 también ha aportado relatos relacionados con la crisis sanitaria y con la posibilidad de un mundo en el que la especie humana pierda algunos eslabones en la frágil cadena de la vida.

Mark Fisher, en *Realismo capitalista*, dice que el capitalismo es lo que perdura cuando las creencias han colapsado en lo relativo a los rituales o a la elaboración simbólica, y solo queda «el consumidor-espectador, caminando entre las ruinas y las reliquias»; y que, precisamente, una de las virtudes del «realismo capitalista» es proyectar la importancia de creer en la estética entendida como los productos de consumo cultural y como el lugar donde se compromete el espectador. Es decir: se trata de elegir entre el compromiso estético-político con la superficie, o bien de sublimar el desastre a través de sencillas operaciones de estetización y pasar de la política al espectáculo, o, lo que sería lo mismo, hacer del espectáculo otra manera de hacer política.

Es lo que dijo Susan Sontag después de los atentados del 11 de septiembre de 2001: «Ser espectadores de calamidades que tienen lugar en otro país es la experiencia moderna por excelencia, la oferta acumulada a lo largo de un siglo y medio de estos turistas profesionales y especializados conocidos como periodistas. Ahora las guerras también son imágenes y sonidos en casas».[82]

Lo hemos visto en diversas ocasiones: cuanto mayor es el conflicto, mayor es el consumo de películas con temáticas apocalípticas. Le debemos a Eduardo Viveiros de Castro y Déborah Danowski la lúcida diatriba de encontrarnos en un momento de la historia en el que nos debatimos entre un mundo sin nosotros o un nosotros sin mundo. Hollywood ha sido una herramienta esencial para crear el mito de la destrucción planetaria, para vivirlo con ansiedad y anticipadamente a través de las ficciones y, finalmente, darlo por superado. De alguna manera, estas películas nos acostumbran a las pérdidas que vendrán, una herramienta práctica para vivir el duelo con antelación, entregándonos a una melancolía momentánea que, una vez superada, mantiene al espectador satisfecho por el solo hecho de estar vivo, reduciendo la ecoansiedad y todas aquellas formas de desasosiego generadas por el necrocapitalismo. Se trata de proyectar, en la caverna de

---

82. Susan Sontag, *Ante el dolor de los demás*, op. cit.

Platón, lo que algunos denominarían «la grandeza apocalíptica», una manera rentable de familiarizarse con la catástrofe.

Srećko Horvat nos recuerda que, con la llegada de Donald Trump al poder en 2017, se creó una especie de «fetichismo apocalíptico», a partir del cual lo que importa no es preguntarse qué pueden cambiar los humanos para evitar el fin del mundo, sino cómo los multimillonarios podrán sobrevivir al fin del mundo cuando esto sea un hecho, si es con la construcción de refugios, ciudades flotantes o colonias en Marte, todo ello variaciones de la arquitectura búnker.[83] Las respuestas son siempre de orden individual: un héroe tiene que salvar la humanidad del desastre en una versión espacial de los wésterns clásicos; ahora, a veces, este héroe también va acompañado de una heroína, una Joan Crawford actualizada. El hecho de que la amenaza venga de fuera nos alivia la conciencia, cuando salimos de la sala nos sentimos más seguros, menos responsables. Como decía Susan Sontag, las películas de ciencia ficción de desastres constituyen una mitología popular y, «junto a la esperanzadora fantasía de simplificación moral y unidad internacional que encarnan, hablan de las más profundas angustias por la existencia contemporánea». Son relatos que nos permiten saber, demasiado rápidamente y demasiado fácilmente, lo que está bien y lo que está mal. Según Sontag, este género cinematográfico despliega la imaginación negativa de lo impersonal, antes representado por los extraterrestres o las máquinas, y ahora incardinado en la propia materia del espacio o en el propio colapso planetario.

---

83. Srećko Horvat, *After the Apocalypse* (2021); *Después del apocalipsis.* Pamplona: Katakrak, 2021.

Este «impersonal» se interpreta como una amenaza que realza la bondad intrínseca de un «nosotros» que, a pesar de todo, vuelve a colocar al hombre blanco, burgués y heterosexual como valor central de la existencia. Lo que subrayan estas películas es, de nuevo, la perspectiva antropocéntrica con la que empezó la modernidad en el siglo XVI. No es de extrañar que programas de tecnología del espacio o inteligencias artificiales lleven el nombre de «Leonardo» en homenaje al artista y polímata renacentista florentino, como una manera de buscar un espejo histórico, de establecer un renacimiento tecnohumanista de entre las cenizas.

Las películas actuales añaden a ello un nuevo factor en armonía con los valores de nuestra época: esta amenaza, a veces, viene dada por la propia especie humana, que ha expoliado todos los recursos disponibles y tiene que encontrar en el espacio la simiente de la nueva tierra prometida. Hablamos de productos como *Gravity* (2013), *Interstellar* (2014), *The Martian* (2015), *Passengers* (2016), *High Life* (2018) o *Ad Astra* (2019). Todas estas películas, y el auge de las series y los videojuegos inspirados en la vida en Marte, han creado el sustrato imaginario perfecto para las iniciativas que exploran nuevas posibilidades de vida en otros planetas. Desde 2019, a través de Google Maps, cualquier usuario de teléfono inteligente puede pasearse por el planeta rojo. No es casual que estas producciones coincidan con los megaproyectos empresariales que intentan seguir expandiendo las formas de crecimiento capitalista a través de la colonización espacial. Hablamos de SpaceX (2016), de Elon Musk, el fundador de Tesla, o el Blue Moon (2019), de Jeff Bezos, fundador de Amazon, que se inspira en la Endurance, la expedición antártica de Ernest Shackleton, y en el plan de colonización espacial que el físico Gerard K. O'Neill concibió en la década de los setenta y que películas como *Interstellar* y *Elysium* escenifican. El tecnócrata que impone una mirada simuladamente objetiva sobre el territorio vuelve a vestirse de aventurero, de navegador, antropólogo, filántropo, descubridor, en definitiva, de colono. Hay quienes se esfuerzan por forjar la posibilidad de una isla, una fortificación en medio del mar; otros se entierran vivos bien enjoyados, y otros amenizan la velada soñando con pasearse entre las estrellas.

Las ficciones nos proveen del imaginario esencial para tolerar lo intolerable: por un lado, el ecocidio y, por el otro, los límites de la soledad y la desesperación humana. ¿Qué es aquello que histórica y colectivamente debe ser garantizado? Y si no hay respuesta, y si nada confirma que es posible seguir viviendo en un planeta saludable, los multimillonarios anarcolibertarios tienen una que refuerza el determinismo de clase: que todo colapse mientras ellos se entierran en refugios de lujo o viajan al espacio. Huir y no mirar atrás. Quieren construir un modelo socioeconómico que favorezca a una minoría ante el sacrificio de una mayoría. Por esto mismo, ya en los años cincuenta, Günther Anders, cuando planteaba su protocolo –y aquí el protocolo opera positivamente– sobre las «nuevas obligaciones morales del hombre en la era atómica», quería que se añadiera a sus exigencias de soberanía una demanda complementaria: «Los territorios entre los cuales la muerte no conoce fronteras constituyen un único país –tanto si los hombres de estado lo reconocen como si no– [...]. Y como vecinos vivimos ya hoy en un único país, en un país que se llama Tierra. [...] Digámoslo claramente: estos experimentos son una guerra contra la vida».[84]

---

84. Günther Anders, *Der Mann auf der Brücke*. Múnich: C. H. Beck, 1959.

3

EL ROSTRO AL LÍMITE

Tal como hemos visto en los capítulos anteriores, la tecnología
y los protocolos que se asocian a ella cambian la relación que
tenemos con el tiempo, con el espacio, pero también con la
identidad personal; una identidad indistinguible de los procesos
de identificación y reconocimiento donde los protocolos tecnológicos condicionan algunos de los usos de las imágenes y la
atribución de valor de aquellos objetos o cosas que son conver-
tidos en imágenes, como la cara. La cantidad de dinero que
mueve la industria del reconocimiento facial vinculada, primero, con la datificación y, después, con la inteligencia artificial, es
ingente. El rostro, según Deleuze y Guattari, «labra el agujero
que necesita la subjetivación para manifestarse».[85] Pero el rostro, como el ojo en *Blade Runner* (1982), también ha sido una
herramienta de identificación personal muy eficiente porque es
un elemento poco imitable. En el siglo xxi, sin embargo, se ha
roto este carácter único de la cara gracias a las tecnologías de
simulación y a la normalización de la cirugía cosmética. El rostro, no obstante, ha gozado de una larga y fecunda historia. Durante siglos, y de diferente manera, la cara ha sido una puerta al

85. Gilles Deleuze y Félix Guattari, *Mille Plateaux* (1980); *Mil mesetas*. Valencia: Pre-Textos, 1994.

alma. El género del retrato en la historia del arte y de la fotografía así lo atestigua. Se trata de entender la evolución del papel que la cultura le ha otorgado para medir, finalmente, cuáles son los valores que atribuimos hoy al rostro.

IMAGINES ROMANAS, MATERIA Y MEMORIA: LOS PRIMEROS ROSTROS

Tradicionalmente, la cultura occidental ha procurado fijar a los muertos: *Per visibilia, ad invisibilia* (Desde lo visible, hacia lo invisible). Las imágenes son un detonante para la memoria, un remedio o *pharmakon*, ayudan a recordar, hasta tal punto que no se puede distinguir el recuerdo de la imagen que lo ha sedimentado. La memoria es lo que asegura poder reconocer la realidad y legar las experiencias a otras personas que sostienen la supervivencia cultural y espiritual de los individuos con sus relatos y sus comunidades. Los romanos tenían una herramienta para esto: las *maiorum imagines*. Eran las máscaras de cera que se hacían de los difuntos y que se guardaban en los armarios (*armaria*) de las *domus*, las casas de los patricios. Se mostraban públicamente en ocasiones muy especiales, como los funerales en los que los muertos se representaban a través de actores provistos de máscaras figurativas. Existía un derecho, el *ius imaginum*, que reconocía la posibilidad de que los nobles romanos hicieran *imagines* de sus familiares. De acuerdo con la ley, no todo el mundo podía participar de esta cultura del recuerdo, sino que poder preservar las imágenes familiares dependía de la clase social de la que se formaba parte. No había manera de saltarse el protocolo. Según dice Plinio en su *Historia natural*, esta tradición de las máscaras era para recordar a los visitantes de una *domus* quiénes habían sido los antepasados de su propietario. Por lo tanto, era una referencia al linaje, a la importancia de la casa y de la familia y, por extensión, a la relación que se establecía entre las imágenes y los lugares, entre el individuo y sus pertenencias.

Según John Berger, los retratos de la colonia romana de Egipto en El Fayum (i-ii a. C.) son los más antiguos que se conocen. Fueron descubiertos en una necrópolis, ya que se pintaban en vida de la persona y, cuando esta fallecía, ponían el retrato sobre la momia al ser enterrada. Su función era doble: para identificar al muerto en su viaje con Anubis y como recuerdo del difunto para la desconsolada familia. Berger nos dice que eran imágenes destinadas a ser enterradas, creadas para no ser vistas. Esto significaba que existía una relación especial entre el pintor y el retratado. Ambos colaboraban en una preparación para la muerte que abonaba la supervivencia del futuro difunto. «Pintar era nombrar y ser nombrado era una garantía de continuidad [...]. Y así, los retratos de El Fayum nos miran como nos miran los desaparecidos en nuestro propio siglo», dice Berger.[86] Las imágenes no tenían tanto que ver con la cristalización de los cuerpos, sino con el hecho de que fijarlos significaba utilizar la imagen como umbral, como médium para el viaje del alma. Aunque estas imágenes son posteriores a la época de Platón, podríamos vincularlas con su idea de anamnesis, como vía de conocimiento, ligada a la metempsicosis o reencarnación de las almas. La imagen participa de esta trascendencia. El Fayum

---

86. John Berger, *Portraits: John Berger on Artists* (2015); *De los artistas*. Barcelona: Gustavo Gili, 2017.

también nos enseña que todas las imágenes están encajadas emocional y conceptualmente en el lugar que las ha acogido.

Por ello, las imágenes familiares que se encuentran en los mercados de viejo, o bajo las ruinas en una situación de catástrofe, contienen el patetismo de la distancia del lugar que las protegía del *trauma* del paso del tiempo, que las conservaba como *imagines*.

Las imágenes, por un lado, desempeñan una función apotropaica, es decir, ahuyentan los males a través de la representación, pero también fijan sentimientos y experiencias. Las imágenes adquieren una potencia emocional, cultural, simbólica y memorialista cuando son dialécticas, cuando se prestan a un fuera de campo referencial o a una nota a pie de página que las explique, las contextualice, las analice o cuestione. Si no, se corre el riesgo de que sirvan como una herramienta de sustitución del recuerdo personal y colectivo, una imagen que contribuye a la creación de una memoria estática, como un molde que hace de obturador emocional y simbólico. La mayoría de las imágenes vinculadas al turismo o a los medios de comunicación desempeñan esta función glacial.

En las *timelines* y en las tarjetas SIM de los teléfonos móviles, las memorias personales, las desencantadas memorias mediáticas y los recuerdos anhelados de los demás se mezclan indistintamente. Las imágenes de las comidas familiares se confrontan con las de los banquetes ajenos en un conglomerado amorfo de parcelas de vida, de un gran cuerpo, coral, repetitivo; una gran máquina viva, epitelial, disonante, caótica, extensa y no siempre penetrable. Es la gran obra de la membrana que confiere una segunda piel a todos aquellos que participan del cenáculo digital, engalanado con la ligereza propia de los espejismos. Hasta que el espejismo de hoy sea borrado por el espejismo de mañana. El medio es el masaje y la piel semiótica es friccionada y nos fricciona en cada instante.

DECLINACIONES DEL VERBO «MIRAR»

Raül Garrigasait nos ha recordado que en la *Ilíada* hay, como mínimo, entre ocho y quince verbos para describir maneras de mirar al otro. La mayor parte de esta riqueza léxica parte de la relación entre la mirada y el entorno físico (la ubicación, el momento del día, la intensidad de la luz...), pero también de la intencionalidad de dicha mirada. *Derkestai*, por ejemplo, expresa la mirada como un gesto, no como un hecho pasivo, como una fuerza que también se puede aplicar a las serpientes (que se denominan *drakon*, un nombre relacionado etimológicamente con el mismo verbo), al águila, al guerrero. O *Drakon*, una mirada penetrante, que mata, como la de la Medusa. O *Paptainein*, que significa mirar alrededor para ver si hay un peligro. O *Leussein*, que designa el momento en el que se ven cosas resplandecientes. U *Ossetain*, que significa presentir, ver amenazas.

Actualmente, el vocabulario asociado a las «maneras de mirar» ha quedado debilitado y relegado a las relaciones de poder, tanto en el espacio público como en el virtual. La mirada navega entre el voyerismo y la observación pasiva (*lurking*); entre la mirada recelosa, morbosa, pero al mismo tiempo impersonal, y la mirada formalista y perezosa del turista que toma una distancia afectiva y cognitiva respecto de lo que mira, y que busca reconfirmar lo que previamente ya tenía identificado en su guía. ¿Cómo se podría denominar esa manera de mirar, que a ratos proyecta la superioridad moral de una clase que se impone y a ratos resulta de la simplificación máxima del lugar visto desde la perspectiva del relato folclorizado? El pasado y las tradiciones, cuando tienen como único objetivo ser exhibidos y explicados de manera efectista y simplificada, pueden correr el riesgo de la desafección y la parodia. La «mirada *souvenir*» encapsula la realidad desde la vaguedad y la pobreza simbólica que concibe como única, pero que, en realidad, tiene todo el mundo. Este «todo el mundo», obviamente, es una falacia. A pesar de la generalización del turismo, hay una gran parte de la población mundial que solo se desplaza huyendo. Como dice Berger, los emigrados económicos y los refugiados llevan, en los teléfonos móviles, sus memorias personales. En los casos de aquellos que huyen de la catástrofe, de su hogar solo queda lo que el teléfono es capaz de preservar. Así se genera una densa «imagen recuerdo», una porción directa de tiempo. Un tiempo que, como no puede recuperarse, ya solo es posible desde la imaginación. Un tiempo imaginario que convoca aquello que ya no puede volver. La imagen, con el paso del tiempo, se va haciendo virtual,[87] alucinada, pero no pierde densidad emocional. La «imagen *souvenir*» y la «imagen recuerdo» significan y son miradas de forma radicalmente opuesta. La ligera redundancia y concreción de una se opone a la gravedad, al carácter único y fantasmático de la otra.

■

87. En el sentido propuesto por Henri Bergson, no por las empresas de desarrollo de juegos en línea.

Cuando en 1908 el sociólogo Georg Simmel observaba que la introducción del ómnibus, los ferrocarriles y los tranvías había cambiado la manera de mirar a personas desconocidas, lo que estaba implícito en esta afirmación era la idea de que con el transporte interurbano el rostro del otro se convertía en una nueva cartografía. Por primera vez, la gente podía examinar sin prisa las fisonomías ajenas, contemplarlas autónomamente, apreciar sus accidentes y su belleza, como una obra de arte, independientemente del hecho de que entre esas personas hubiera algún vínculo o alguna relación. Se inauguraban décadas de proyección y fascinación por los rostros de los demás, la gente corriente y anónima. David Le Breton, gran estudioso del cuerpo, explica que uno de los aspectos más importantes de la comunicación interpersonal consiste en el intercambio de miradas como herramienta de gran carga simbólica y de reconocimiento mutuo. La comunicación ejercida desde los protocolos niega la experiencia derivada de la mirada y, por lo tanto, el reconocimiento del otro y cualquier deseo que de ello puede derivarse.

Las caras atraen quizá porque cuatro de los cinco sentidos se concentran en ella, acompañados de un montón de músculos que constituyen la base de una coreografía expresiva que no tiene ninguna otra parte del cuerpo. También ponemos en ella una atención notable a raíz de la tradición iconográfica que, a través de la pintura, la escultura y, más adelante, la fotografía y el cine, cambió el rostro en un espacio abierto a los mitos, a lo sagrado y al deseo. En esta tradición, los rostros que se dejaban observar eran de gente de reconocida valía, personajes sagrados, mitológicos, religiosos, aristócratas o personas influyentes. Lo que apunta Simmel es que, de golpe, aparece una tecnología urbana que hace del rostro anónimo un espacio de proyección de interrogantes, miedos y anhelos. La fotografía se convierte en una herramienta precisa para capturar el instante fugaz que permite admirar esa figura desconocida, cuya belleza se refuerza, por un lado, por el carácter transeúnte, pasajero, del personaje y, en segundo lugar, por la autenticidad de su fisionomía, muy poco encorsetada por los instrumentos al servicio de los individuos públicos.

Las plataformas sociales son la continuación de este tipo de experiencias en las que los personajes públicos intentan transmitir autenticidad y naturalidad, mientras que mucha gente anónima aspira a ser estrella de temporada.

NEOPLATONISMO DIGITAL Y UN MUNDO HECHO DE VERSIONES IDENTITARIAS

> Todos parecen atractivos, y todos afirman que
> su objetivo central es conseguir el bien común.
>
> BORIS GROYS, *Becoming an Artwork*

Si, como dice David Le Breton, la existencia es fundamentalmente corporal, habrá que tener mucho cuidado en dónde ponemos el cuerpo, cómo es y qué relaciones producimos con él y a través de él. En el siglo xx, autores como Ervin Goffman, Michel Foucault, Norbert Elias o el mismo Le Breton convirtieron las relaciones sociales vinculadas al cuerpo en materia de estudio. El antropólogo Ervin Goffman, en los años cincuenta, en sus primeras reflexiones sobre el rostro, considera que es una referencia emocional importantísima en la interacción social; es, precisamente, en el encuentro con el rostro del otro donde se da el compromiso. Lévinas destacó su cualidad ética.

De ahí que la ocultación del rostro de los demás haga la comunicación difícil. Tradicionalmente, se decía que era una puerta de entrada al alma, o al infinito. También era una puerta a las diferencias culturales. La expresividad de un rostro no solo individual, sino también cultural. De ahí que cualquier intento de hacer de él una abstracción, por ejemplo con la tecnología del reconocimiento facial, sea un ejercicio de simplificación extrema de una historia centenaria del principal medio de comunicación que tenemos: la cara.

El cuerpo es un elemento de gran importancia social: desde Marcel Mauss, que en 1921 decía, en *L'expression obligatoire des sentiments*, que «el cuerpo es el primer y más natural instrumento del hombre», hasta Le Breton, que afirma que «el hombre es el producto de su cuerpo, él mismo produce las cualidades de su cuerpo en su interacción con los demás y en su inmersión en el campo simbólico». ¿Qué tipo de cualidades se generan a partir de las interacciones entre cuerpos pasados por los filtros digitales? La perspectiva emancipadora de la manera como se expresan y se muestran las identidades, heredada de Butler o Goffman, lucha con la perspectiva mediática y cosmética que han popularizado los vídeos de las plataformas sociales. Si, como dice Geert Lovink, «cuando uno se habla a sí mismo, experimenta una disonancia cognitiva persistente», no es extraño pensar que el usuario activo de las plataformas sociales viva disociado. Yaciendo en torno a la televisión, las familias presenciaban el dolor o la felicidad de los demás que aparecían y desaparecían en la pantalla cada día; con el dispositivo móvil, el individuo se topa, entre sobrepasado e indiferente, con esa felicidad y ese dolor ajeno que no se deja que pertenezca a nadie, que no se identifica con ningún «quien» ni ningún «donde» mientras las imágenes desfilan hacia los descartes del *scroll* o de la atención a medio gas del espectador. Y, en medio de los rostros ajenos, baila el rostro propio, reclamando atención, también la de uno mismo. Los mercados se sirven de estos cuerpos y hacen que la cultura ansiosa del cazatalentos conviva con la poética contemplativa más casual. Las redes se han convertido en plataformas de *casting*, un portafolio en abierto, informal, en el que cada uno encarna a uno o varios personajes. El yo es un estilo y, en los casos más extremos, una marca producida *just in time*. Los tipos de relaciones sociales que se generan en estos espacios son nómadas, a la carta, basadas en el personalismo, en la asimetría entre usuarios seguidores y usuarios seguidos, en la popularidad o la admiración incondicional. También se impone un relato visual y discursivo fundado en la «vida joven», tanto desde el punto de vista cosmético como en lo relativo a los rituales sociales que en él se muestran. La posteridad que se buscaba en los retratos de El Fayum ha dado paso a una tradición iconográfica basada en la inmediatez. El cuerpo es un cebo para la felicidad social y, por esto mismo, pide un cuidado y una atención inéditos que, antiguamente, solo las clases más acomodadas se podían permitir. Los gimnasios se llenan con gente de todas las edades, los vídeos tutoriales de tratamientos de estética facial acumulan millones de visionados, las aplicaciones que convierten el rostro en un espacio con el que jugar suman adeptos.

El hombre hogareño, sedentario del siglo xx, descubrió lo que podría ser una «identidad nómada» a través de los medios de comunicación de masas. Como una continuación inmersiva de esto, en las plataformas sociales practicamos una especie de comisariado de la identidad, nómada, dinámica y prostética, es decir, artificial. Las identidades digitales en las plataformas sociales son «perfiles», de tal manera que obligan a pensar quién eres a partir de una taxonomía global y de los gustos imperantes en el supermercado de los cuerpos y de las emociones. Este contexto ha cambiado las preguntas. Antes sondeábamos aspectos del otro que tenían que ver con la relación inherente que hay entre el amor y la curiosidad y que se formulaba a través de preguntas sobre el lugar de procedencia («¿de dónde viene?»), el carácter («¿cómo es?»), las preferencias («¿qué le gusta?»), la pertenencia a un grupo social o la genealogía familiar. Con las plataformas sociales y las aplicaciones para ligar, todas estas preguntas se pueden resolver esquemáticamente de forma rápida a través de la información de los perfiles, de rastrear las *timelines* para ver sus antecedentes o dejar que el algoritmo haga su magia. Las preguntas de ahora podrían ser: «¿Qué imagen ofrezco al mundo? ¿Qué me pierdo estando con esa persona? ¿Cuánto tiempo invertiré? ¿Cuánto durará? ¿Cómo puedo preservar mi identidad y mis rutinas? ¿Cómo interferirá en mi vida, en mis diferentes versiones? ¿De qué tendré que esconderme?». Es decir, un interés por mantener una zona de inmunidad hacia los demás para preservar el mito de la abundancia y, por lo tanto, conservar el «sujeto de rendimiento» al alza. A veces los motivos son una cierta fragilidad anímica o los efectos nerviosos de la inseguridad y el miedo. Es la manifestación coral del «juntos, pero solos».

■

Según Aristóteles, la memoria y el hecho de recordar implican la posesión de una imagen que funciona como una copia del objeto; el conocimiento, por lo tanto, deriva de los sentidos. Platón, en cambio, describe los procesos para recordar a través del mundo de las ideas intermedias, las cuales van más allá de la experiencia. El dualismo platónico ha encontrado en las plataformas sociales un espacio cómodo, a pesar de que a menudo se confunda la *doxa* (opinión) con las ideas mismas. La imagen de las plataformas sociales a menudo ya no tiene una relación de indicio respecto del cuerpo, sino que presenta una verdad al margen del referente. Estas representaciones no son ni más verdaderas ni más falsas que los retratos hechos con una cámara analógica, simplemente, desempeñan funciones diferentes, certifican los cuerpos desde otras perspectivas. No tienen una vertiente memorialista, su ontología no es referencial; lo que ha cambiado es el soporte, y también el ritual. Internet nos ofrece muchas aplicaciones que permiten jugar con el físico, mudar de piel, ser ovidianos y metamorfosearnos a placer, crear versiones de nosotros mismos. Los bots intentan ser verosímiles, los humanos de las plataformas ya no. La identidad es posproducida, la cultura del háztelo tú mismo es conducida hacia el «Do It Yourself... your Face». Las aplicaciones digitales permiten realizar estas versiones de uno mismo, reinventar el determinismo de género, edad, etnia o especie. Lo que transmigra es el cuerpo y, de esta manera quizá, también, un poquito del alma en lo que podríamos denominar «neoplatonismo digital».

A veces, este juego de comisariado de la identidad tiene un componente terapéutico, como vemos en el proyecto «Alter Egos», de Robbie Cooper, pero a veces el individuo acaba siendo su propia mercadería. Se hace del cuerpo un lugar de producción, de capitalización de la imagen, de capas que no funcionan como estratos para la memoria, sino que se anulan entre sí. Hacen del cuerpo un quirófano de producción inmaterial, pero también material: la imagen que uno proyecta acaba apoderándose del cuerpo real para que la mutación sea completa. En Apple Store se han contabilizado más de doscientas aplicaciones para hacer cirugía estética en dibujos dirigidos a niñas. En 2017 la Academy of Facial Plastic and Reconstructive Surgery hizo una encuesta entre sus miembros y resultó que el 55 % de sus pacientes dijeron que querían operarse para aparecer mejor en los *selfies*. Según la Sociedad Española de Medicina Estética, en 2024, un 50 % de la población española realizó un tratamiento de medicina estética y las intervenciones en jóvenes de entre dieciséis y veinticinco años han aumentado entre un 14 y un 20 % a causa de los influenciadores de las plataformas sociales.

Al mismo tiempo, ya hace algunos años que se está hablando del fenómeno conocido como «Snapchat dysmorphia» o dismorfia de *selfie*, que ha llevado a aumentar el número de operaciones estéticas con el objetivo de que la persona pueda parecerse a la imagen virtual, elaborada con filtros y aplicaciones de retoque de todo tipo. El doble operativo, el servidor intermediario (*proxy*) de la pantalla, ha acabado por usurpar la identidad personal en una versión tecnoutópica del retrato de Dorian Gray donde lo único que envejece es la aplicación. Mientras se naturaliza el cuerpo posproducido y los seres humanos intentan parecerse al autómata virtual, los desarrolladores de *software* humanizan las máquinas. Los salvapantallas hacen preguntas, el correo electrónico facilita respuestas, las redes sociales sugieren constantemente nuevas relaciones entre personas o mercaderías indistintamente y Alexa organiza el día. El deseo es una función, datos relacionados.

Este comisariado de la identidad que tenía que liberarnos de muchos clichés, ha acabado provocando ansiedad y más estereotipos. El estudio Selfie City detectó que las chicas sonríen más y se hacen más *selfies*, una cuestión que podríamos relacionar con las observaciones de John Berger en *Modos de ver* sobre el papel de las mujeres en la pintura y la publicidad. Berger afirma que toda imagen encarna una manera de ver y que lo que nos enseñan las imágenes que nos han legado el arte y la publicidad no es solo la consideración de la mujer como objeto sexual, sino como una aparición que siempre ha estado bajo la tutela masculina. Así, las mujeres siempre son seres dobles, se tienen que contemplar continuamente, a todas horas, acompañadas de la imagen que desprenden, y ser doblemente juzgadas: «Los hombres actúan y las mujeres aparecen. Los hombres miran a las mujeres. Las mujeres se contemplan a sí mismas mientras son miradas», dice Berger.

A veces, la opinión pública se vuelve maximalista y tiende a hacer afirmaciones como «las plataformas sociales han aumentado el narcisismo entre los jóvenes». La adolescencia, seguramente, es un periodo que, en el plano psicológico, comporta un duelo por una infancia ya aprendida que hay que abandonar, el cuerpo muda para encarnar a una nueva persona, se vive el ritual del paso hacia el mundo adulto. El mito de Narciso, en este contexto, es una caja de herramientas simbólicas útil. Boris Groys lo recupera en *Devenir obra de arte*.[88] Del mito, el filósofo destaca la relación entre el personaje y la imagen que

88. Boris Groys, *Becoming an Artwork* (2022); *Devenir obra de arte*. Buenos Aires: Caja negra, 2023.

ofrece al mundo, desvinculándolo de cualquier otro interés que no sea su propia imagen. No hay dobles intencionalidades, ni deseos ocultos, la figura es la que es: alguien que contempla de forma permanente su cuerpo como objeto sacrificando su mundo interior, vaciándolo, en pro de su apariencia pública. Según Groys, la imagen de Narciso en el lago es una forma primera de *selfie*, pero para él lo que diferencia el narcisismo clásico del contemporáneo es que ahora la persona ya no se dedica a la contemplación pasiva del propio cuerpo, sino a la lucha activa para conseguir que se reconozca ese cuerpo como bello, como valioso. Un acto que tiene más que ver con el reconocimiento que con la contemplación. Según él, la lucha narcisista por el reconocimiento es también una lucha contra los deseos de la carne y en defensa de la forma pura, de sí mismo como obra de arte.

Cuando miramos todos esos *selfies*, esas versiones mejoradas de humanos o poshumanos en el panteón digital, podemos reconocer esta falta de deseo que provocan los nuevos ídolos, la materia vibrante en línea, extensiones de plancton digital. No hay nada erótico en este barroquismo de la mirada, en el sedante desfile de imágenes impenetrables en las colas transportadoras de productos *premium*. Groys considera que Narciso es muy poco sensato, ya que se queda tan absorto en su contemplación que muere de agotamiento, y cuando el cuerpo está agotado, se vuelve opaco, el deseo no toma forma en él. Los narcisos de las plataformas sociales también acaban ahogados de agotamiento. Cuanto más nueva es la aplicación social, más subsidiario se vuelve el mensaje respecto de la forma. De hecho, las plataformas sociales cada vez son espacios más orientados hacia la forma pura, como un cultivo de narcisos armoniosamente sacrificados.

La fotografía y el cine heredaron la tradición filosófica, ética y metafísica del rostro. Las plataformas sociales y sus aplicaciones parecen hacer hablar al rostro en una dirección contraria a este carácter trascendente. En los últimos años se han creado aplicaciones de lo que Patrick Lichty denomina *augmented selfie* (autofoto aumentada): Meitu (2008), que embellece las caras (*cutify*); FaceSwap (2017), que las mezcla; Facetune (2013), que las retoca; Faceapp (2016), que no solo las retoca sino que permite cambiar su género o envejecerlas, o Zao (2019), una aplicación que a través de un hipertrucaje (*deepfake*) convierte al usuario en otras personas. El entretenimiento en línea ha pasado del retoque a la sustitución de rostros. Las aplicaciones de suplantación o sustracción de caras han hecho furor gracias a nuestra natural tendencia al transformismo o al disfraz como elemento cultural que nos viene de lejos. Nicolas Cage o Donald Trump fueron las primeras víctimas del uso humorístico de las plataformas sociales. Gracias a las aplicaciones se convirtieron en personajes populares. Trump o Putin, en su versión de mascotas digitales por un instante, resultaban menos peligrosos de lo que en realidad son y su popularidad creció exponencialmente. Este recurso tecnológico también se ha utilizado en la industria pornográfica o en el cine comercial para rejuvenecer el rostro de algunos actores, como Harrison Ford en la última película de la saga de Indiana Jones.

La cara es una cartografía amatoria, amical, estética, pero también policial, única. Podemos situar en el siglo XIX el uso de la fotografía antropométrica con la finalidad de identificar delincuentes. La mayoría de los protocolos de identificación pasan por el carné con fotografía, introducidos después de la Segunda Guerra Mundial. La «transparencia», como una herramienta para evitar el delito, la corrupción, el clientelismo... y todas aquellas formas de abuso de poder, se ha vuelto una prioridad política y social, de tal manera que el marco legal y protocolario se ha adecuado a ella. La tecnología de reconocimiento facial permite hacer del cuerpo un espacio susceptible de ser investigado. Los mercados han comprendido muy bien los beneficios de la unión entre la vigilancia y el entretenimiento a través del rostro. Todas estas herramientas que contribuyen a la diversión también ayudan al entrenamiento de la máquina para el reconocimiento facial, para la detección de rostros. La diversión y la experimentación se han convertido en un circuito de extracción de datos, combustible para la materia bit de la máquina.

El entrenamiento de la «visión de la máquina» tiene sus raíces en los años sesenta, en el Summer Vision Project (1966), de Seymour Papert. Las primeras imágenes de reconocimiento facial aparecieron en la ficción cinematográfica con películas distópicas como *Terminator* (1984) o *RoboCop* (1987). Esta última relata como una corporación privada se encarga de la vigilancia policial de una ciudad, Detroit, al límite del colapso social y financiero, en una clara alusión a las políticas neoliberales de Ronald Reagan. Los policías, sin embargo, son robots equipados con programas de reconocimiento facial que les permiten identificar lo que ven. Si en *Terminator* el cíborg puede evaluar la naturaleza y el grado de peligrosidad de la persona que tiene delante, en el caso de *RoboCop* la identificación es más completa y cuenta con todo tipo de detalles biográficos de la persona analizada. Esto es así porque RoboCop está programado con protocolos más sofisticados y, como agente de la ley, tiene los historiales delictivos de todos los habitantes. Sus actuaciones están condicionadas por la justicia penal: si la persona que se le presenta ha llevado una vida de reinserción social, ha expresado arrepentimiento, ha participado en acciones cívicas o ha hecho un simple cambio de rumbo vital, la máquina no podrá utilizarlo para emitir un diagnóstico acertado porque el historial no almacena los datos de una vida que se ha transformado, sino solo aquellas acciones que han quedado registradas como delictivas.

Desde 2015, esta tecnología ha crecido y mejorado mucho. Actualmente, los algoritmos de reconocimiento facial se utilizan para fines muy diversos. Por un lado, muchas empresas los ponen al servicio del departamento de recursos humanos para entrevistar a candidatos con tecnología como la de HireVue. Algunos colegios también la usan para analizar el grado de motivación de su alumnado. Igreja Mobile es la que utilizan algunas iglesias para fichar la asistencia y las emociones de sus fieles, y hacer un seguimiento de las ofrendas y los donativos. Funciona a partir de una cámara panorámica de alta resolución que se instala en los propios recintos. A partir de la información recopilada se generan informes de cada persona y se hacen estadísticas sobre el comportamiento de los feligreses. Si la religión contempla la posibilidad de que Dios sea hiperubicuo y lo vea todo, ¿no será redundante este recurso? ¿Y no será pecado usurpar el lugar de Dios a través de las máquinas? A partir de 2015, la empresa Face-Six empezó a utilizar su *software* para el reconocimiento facial en algunas iglesias norteamericanas para evitar actos terroristas; la aplicación sirve para identificar tanto a clientes como a los miembros de una casa y a criminales. Esta misma aplicación ha sido utilizada por el Gobierno de

Israel para controlar los desplazamientos de palestinos en su propio país.

En 2017 apareció Clearview, que se define a sí misma como una nueva herramienta de investigación para los organismos encargados de hacer cumplir la ley y poder identificar a los autores y a las víctimas de delitos. En 2019, más de seiscientas agencias empezaron a utilizar sus servicios. Según una investigación de *The New York Times*, el código de programación de la aplicación incluye la posibilidad de que con unas gafas de realidad aumentada identifique a las personas que ve. La *start-up* israelí Faception usa el *machine learning* para puntear rostros a partir de la tipificación de personalidades con etiquetas como «investigador académico», «promotor de marcas», «terrorista», «pedófilo»... La máquina, en este caso, no solo recopila registros, sino que toma decisiones, infiere y crea nuevos registros sobre la base de dichas inferencias, por lo tanto, elabora hechos.

Las grandes compañías tecnológicas están invirtiendo millones en las inteligencias artificiales de reconocimiento facial y esto nos obliga a prestarles atención. En 2019, Google anunció una función de desbloqueo facial para el próximo Píxel 4 y ofrecía cinco dólares a cada persona que cediera su cara para el entrenamiento de la máquina. ¿Vamos hacia a aquel uso biométrico de la tecnología que planteaba *Blade Runner* en 1982? Las contraseñas se pueden compartir o usurpar, pero las caras no, cada cual tiene la suya a pesar de que algunas películas de acción han intentado jugar con la usurpación de la identidad como *Matrix* (1999) o *Terminator 2* (1991), donde los malvados son capaces de utilizar los cuerpos de los demás como escondrijo temporal. «Las posibilidades de usos armamentísticos de esta tecnología son ilimitadas», dice Eric Goldman, codirector del High Tech Law Institute de la Universidad de Santa Clara. En 2023, de hecho, Sam Altman, director ejecutivo de OpenAI y creador del ChatGPT, empezó a trabajar en la digitalización de los iris a través del proyecto Worldcoin. El empresario ofrecía a quien cediera sus datos biométricos un capital en criptomonedas para compensar el tipo de trabajos que se destruirán con la inteligencia artificial. La extracción de datos empezó a hacerse en países del sur global como Kenia. ¿Cómo aprobar el hecho de pagar por anticipado a alguien su futura condición de víctima?

EL DERECHO A LA OPACIDAD Y A LA INCOMUNICACIÓN

> No esperes a ser cazado para esconderte.
>
> SAMUEL BECKETT, *Molloy*

El rostro deja de ser una puerta de entrada al alma para serlo a la cuenta corriente y a la identidad digital única. Las nuevas tradiciones ya no nos conducen a procurarnos una imagen de nuestros muertos, sino a capturar un rostro-mercadería en el que la función lúdica se mezcla con la función amorosa, la función económica y la función tecnológica. Hay una auténtica batalla por el rostro. El enmascarado ha sido una figura muy popular en la historia de la literatura y el cine. La máscara protege de ser identificado, pero, además, es un símbolo. Las máscaras de Robin Hood, V de Vendetta o del Joker fueron utilizadas en las manifestaciones públicas entre 2010 y 2020.

En paralelo al interés empresarial por el desarrollo de las IA de reconocimiento facial, aparecen signos de resistencia. No solo en las plazas, sino también en las plataformas sociales o en el mundo del arte. Iniciativas de maquillaje y ropa antirreconocimiento facial, el HyperFace de Adam Harvey, o el Facial Weaponization Suite del artista Zach Blas, son solo algunos ejemplos. Blas hace talleres para la realización de máscaras colectivas modeladas a partir de la agregación de datos faciales de los participantes, de tal manera que la cara deja de ser una suma de puntos y se convierte en materia informe, abyecta. De alguna manera, se trata, como dicen Patricia de Vries y Willem Schinkel,[89] de seguir la definición, ya clásica, de qué es el camuflaje que dio Roger Caillois en 1984. Según él, es una pérdida de límites entre el ser y el entorno, una despersonalización por asimilación al espacio. El camuflaje como una herramienta de protección social que solo es posible desde la relación entre la figura y el fondo, entre el sujeto y el entorno.

Los jóvenes chinos se presentaban sin rostro en las manifestaciones públicas en Hong Kong en 2019, utilizando la linterna del teléfono móvil para impedir que las cámaras de vigilancia oficiales pudieran identificarlos, o poniéndose pequeños proyectores portátiles en la cabeza que les sobreponían la imagen de otra cara que no era la suya. El anónimo, aquel que no tiene nombre, puede negociar con su cara, puede desaparecer de las bases de datos policiales. Pero a la larga, el anónimo también tiene más posibilidades de desaparecer, poco a poco, de la memoria colectiva. Si Narciso se agota y pierde la fisonomía –que es lo único que tiene– en nombre de la forma pura, el anónimo

---

89. Patricia de Vries y Willem Schinkel, «Algorithmic anxiety: Masks and camouflage in artistic imaginaries of facial recognition algorithms» (2019), https://journals.sagepub.com/page/bds/collections/algorithmic_normativities.

se disuelve en el cuerpo amorfo de la masa con la esperanza de poder salir de allí algún día, de convertirse en un rostro de nuevo.

Después de las manifestaciones de 2019, llegó el covid con las máscaras que hicieron enmudecer al planeta entero. Pasada la pandemia, como si se hubiera tratado de una alucinación colectiva temporal, las empresas, las universidades y los estamentos militares siguieron con su particular batalla por el rostro. En 2023 se hizo público un estudio titulado «Ver el mundo a través de tus ojos», de la Universidad de Maryland, sobre una inteligencia artificial que es capaz de reconstruir las imágenes que se reflejan en el cristalino de una persona, por lo tanto, lo que la rodea y forma parte de su campo de visión. La IA analiza la luz reflejada en los ojos para convertirla en un campo de radiación neuronal (NeRF, siglas de Neural Radiance Field). Esta NeRF solo requiere diferentes fotogramas de los ojos en movimiento para reconstruir la escena en 3D. De esta manera, la máscara puede esconder la cara, proteger al individuo que la lleva, pero no a aquello que la persona está mirando, su entorno. Su mirada describe la escena, delata al otro, el rostro se convierte en un arma de doble filo. El territorio ya no es capaz de camuflar, velar y prolongar la vida de los individuos. Aquí lo que hay que hacer es dejar de mirar, solidariamente.

Los descubrimientos científicos nos acercan al comportamiento subatómico y superatómico; las conquistas territoriales dejan entrever lugares remotos del planeta como si ya no hubiera rincón alguno por explorar; una ciudadanía regida por leyes, normas y protocolos registra todas las actividades económicas y sociales; la tecnología digital inteligente transforma en datos la vida; los escaparates se multiplican, llenos de mercaderías; las fábricas y las catedrales del arte dejan traslucir la cadena de producción, mientras los turistas –trabajadores involuntarios– deambulan por ellas buscando quién sabe qué. Todo lleva la marca de la «transparencia», todo tiene que ser público y visible. Pero no todo el mundo tiene que pasar por el escenario, algunos pueden escabullirse y desaparecer, ya sea operando en espacios con menos control, ya sea porque son personas con un gran capital económico que les da una cierta inmunidad. Así, la transparencia se ha convertido en un asunto que afecta más a las clases bajas, las más desprotegidas, y en un irrefutable sinónimo de «verdad». Por ello no es de extrañar que un escritor como Édouard Glissant pidiera «el derecho a la opacidad» como el equivalente al misterio de la filiación y como deslegitimación de cualquier verdad que se pretenda absoluta.[90]

El atentado del 11S en 2001, sin embargo, hizo de la transparencia un imperativo social, un protocolo de vigilancia global. La pandemia de 2020 reforzó aún más esta necesidad de optimizar la tecnología del control para capturar grandes cantidades de datos que fueran capaces de prever los desastres inmediatos. Y si todo debe ponerse a la vista en nombre de un bien común según la retórica del miedo, ¿dónde queda el libre arbitrio, la ética y el deseo?

En la introducción de *Excommunication*, Alex Galloway, McKenzie Wark y Eugene Thacker hablan del hecho de que toda forma de comunicación implica un modo de salir de uno mismo,

---

90. Édouard Glissant, *Poétique de la relation*. París: Gallimard, 1990.

un éxtasis inherente al imperativo comunicativo. De esta manera, para ellos, la comunicación dialoga con el éxtasis mientras
que la excomunicación, como forma de incomunicación, lo haría con la fantasía de un final absoluto de toda forma de comunicación. Pero el éxtasis y la excomunicación no están tan
alejados. Si bien toda forma de comunicación implica una salida
de uno mismo, también reafirma una posición del sujeto en la
que este queda objetivado, expuesto públicamente y puede ser
señalado. En cambio, se podría pensar que tanto el éxtasis como
la excomunicación tienden a la opacidad o a la ambigüedad, no
llevan adheridas teorías o explicaciones, no permiten que se
transfiera nada del cuerpo incomunicado, excomunicado o ex-
tático; así, tampoco se le puede arrebatar nada a este cuerpo o a
esta voz. La figura del tartamudo, que Gilles Deleuze convoca
en *Lógica del sentido*, sería una figura a la cual no se le podría
expropiar el lenguaje. Kaspar Hauser se vuelve más vulnerable
cuando empieza a aprender a hablar. Esta es la ambivalencia del
lenguaje. La opacidad brinda una protección momentánea, material y mistérica. La opacidad, incluso, puede llegar a ser una
promesa de revelación, de permeabilidad que hace deseable
aquello que esconde y que lleva implícito el momento del desve-
lamiento. Este es un momento que culmina alguna cosa porque
nace de una elección voluntaria, no de la presión formal de un
protocolo o una convención social.

4
EL DESEO Y LA MÁQUINA

UNA CULTURA DEL SECRETO

Podemos admitir que la verdad de un hombre
es, antes que nada, aquello que esconde.

André Malraux, *Antimemorias*

A principios del siglo XVII, Jacob Böhme escribió: «No he leído
más que dentro de un libro, dentro de mi propio libro, dentro
de mí»; y san Agustín, en sus *Confesiones*: «Noli Foras Ire, In
Interiore Homine Habitat Veritas», que traducido rápidamente
sería «no busques fuera, es en el interior del hombre donde ha-
bita la verdad». Tanto uno como otro insistían en la relación
entre la verdad y la búsqueda interior de uno mismo. Una interioridad extraña, incluso esotérica, como dice Georges Gusdorf, «horizonte de los horizontes del espacio del dentro» que
se bate contra «la alienación del hombre ordinario cuyo vivir le
impide vivirse, explorar los repliegues del espacio íntimo».[91]
Esta insistencia en la interioridad es útil como metáfora para
describir todo aquello que no podemos percibir o explicar a

---

91. Georges Gusdorf, *Lignes de vie I. Les écritures du moi*. París: Odile Jacob, 1990.

simple vista, que permanece oculto, sin nombre. Sin embargo, hay interioridades que velan para no ser nunca descubiertas. Se ve en la pasión que sienten los niños por hacerse cabañas. La función principal de la cabaña no es que en ella pasen cosas, sino que no pase nada; se trata de habitar el refugio y no ser encontrado. Gaston Bachelard decía que «todo espacio habitado lleva la marca de una casa».[92] Si las plataformas sociales fueran un espacio, serían la antítesis de la casa, ya que la hiperactividad cambia las coordenadas espaciales por coordenadas psicotemporales más propias del trabajo.

Las cabañas, los cajones y los secretos son imprescindibles para llevar una vida íntima. Uno de los géneros más adictivos y concurridos de YouTube son los vídeos en los que la gente desempaqueta cosas: bolsas de la compra, cajas con animales exóticos, huevos Kinder... Se denominan *unboxing videos* y también *surprise eggs videos*, y nos recuerdan que la revelación presenta su versión más prosaica en estos vídeos de breve sorpresa ordinaria. Toda caja esconde un secreto, su historia es larga: Pandora, faraones, piratas, músicos y artistas, todos han recurrido a los cofres y a su *bruit secret*. Internet ha favorecido también un cierto comercio en línea basado en suscripciones a «cajas» (*subscribing boxes*), que el comprador recibe en casa sin saber qué habrá en su interior. Lo que quizá mueva a sus usuarios es la felicidad de la sorpresa, como en el ritual de descubrir que hay dentro de una cajita o un envoltorio, debajo de un tronco o de una piedra, debajo de la almohada, en un buzón a pie de casa o en el del teléfono móvil. Lo que mantiene atrapado es,

---

92. Gaston Bachelard, *La poétique de l'espace* (1957); *La poética del espacio.* Madrid: Fondo de Cultura Económica de España, 2000.

de nuevo, el componente imprevisible del regalo, pero también la instauración de un pensamiento mágico basado en el don, la gracia y la revelación.

A veces se denomina «experiencia íntima» al hecho de vivir a orillas de uno mismo a través del entretenimiento en línea, disimulando este carácter periférico y generalista que a menudo tienen los sujetos en el ágora pública. En las plataformas queremos ser vistos, encontrados, exponer y consumir secretos. Este carácter exteriorizable, de rol público, hace que la intimidad pase a ser otra cosa, aunque esto no niega que haya gente que pueda vivir su experiencia íntima en este contexto. La sinceridad se sustituye por la fidelidad, el secreto se vuelve iteración. Sin misterio, ni azar ni tiempo, la conversación es un intercambio de signos que no permite alterar posiciones y que elimina el viejo temor de ser tocados por lo desconocido. Querer compartir una zona íntima presupone la aceptación de atreverse a mirar dentro de uno mismo, de querer reconocer al otro. Otro «dentro», que no es el de la aplicación, puede aparecer, pero ¿asumiremos la incertidumbre de participar en este tránsito hacia alguien o hacia nadie?

Gérard Vincent nos recuerda que la palabra «secreto» aflora en el siglo xv y que viene de *secerno*, que significa 'separar', 'poner aparte', el acto de cribar para separar lo comestible de lo no comestible, lo bueno de lo malo a través de un agujero. Actualmente, se ha sustituido la gestión del misterio a manos de chamanes, sacerdotes o brujas, por la gestión del secreto a manos de burócratas, influenciadores y animadores de todo tipo. Esta gestión invoca el poder de los confesores religiosos que sabían de qué pie cojeaba el pueblo, de los asesores políticos, de los inversores económicos y, ahora, de los algoritmos recopiladores de datos, propiedad de empresas que se erigen como los maestros del juego de la «informática de la dominación», como diría Donna Haraway. El secreto otorga al misterio una carga política y, sin duda, otorga poder. Los algoritmos que gestionan la información de nuestras interfaces se basan en estos preceptos. Una vez detectado el patrón de comportamiento humano a través de la recogida de datos se libran los estímulos suficientes para que dichos patrones no varíen demasiado. Los algoritmos son el Santo Grial del capitalismo, apelan al dato como secreto y al secreto como fuente de riqueza. Para los algoritmos, no hay nada imprevisible en toda la desesperación y el deseo que invertimos en estos espacios panópticos. Anticipan nuestras caídas, nuestras alegrías y desgracias. Todos los artefactos inteligentes pertenecen a empresas que gestionan nuestros secretos y hacen del principio confesional un modelo de negocio. Lo que se mercantiliza es la personalidad y el propio secreto.

LA METÁFORA DE LA CAJA NEGRA Y EL DESEO

Lo que importa no es tener el secreto, sino decir que lo tienes. El imaginario algorítmico funciona de una manera parecida, hace que toda una industria millonaria gire alrededor de lo que denominamos «publicidad programática», el posicionamiento algorítmico de la publicidad sobre la base de unas decisiones informáticas no argumentables ni comprensibles, incluso para sus propios programadores. La relación entre los datos que ingieren los algoritmos de autoaprendizaje (*machine learning algorithms*) y las predicciones o clasificaciones que el algoritmo produce no siempre puede ser juzgada, se trata de una «caja oscura». De hecho, lo que venden a los clientes es la propia noción de «caja oscura». «Usted tiene que creerme, no tiene otra opción, el secreto es nuestro, si se desvela deja de servir, el corazón de la máquina se detiene», dice la empresa tecnológica al cliente. El algoritmo secreta secreto; a través de la enunciación del hermetismo del código, como siempre han hecho las religiones con procedimientos como la santificación, la revelación o el milagro, se consigue más poder para quien confisca dicho código, cantando sus maravillas sin explicar su funcionamiento interno. El código se vuelve fetiche y tabú a partes iguales. O, como dice Peter Sloterdijk: «Hablamos de magia cuando, en la percepción de un observador, el efecto visible de una acción supera la causa visible».[93] Así funciona el algoritmo, mágicamente: atestiguamos sus efectos e ignoramos todas las causas.

La metáfora de la «caja negra» ha servido para describir un sistema o proceso cuyo funcionamiento interno queda fuera del alcance de la comprensión del usuario. Pero también es una metáfora útil para la sociología: el cerebro, la política, la economía o el otro son también «cajas negras». Durante muchos siglos, Dios fue un interrogante, un estuche opaco, un misterio que solo se podía comprender desde la fe y a través de los intérpretes de las Sagradas Escrituras. Con la modernidad, el deseo individual fue ocupando el lugar de ese anhelo, fue creando las «cajas negras» del alma. Según Gilles Deleuze, la verdadera historia es la historia del deseo. «Un capitalista, o un tecnócrata de

93. Peter Sloterdijk, *Wer noch kein Grau gedacht hat. Eine Farbenlehre* (2022); *Gris. El color de la contemporaneidad*. Madrid: Siruela, 2024.

hoy en día, no desea de la misma manera que un traficante de esclavos o un oficial del antiguo imperio chino. Y Richard Sennett nos recuerda, en *Carne y piedra* (1996), que el deseo en la antigua Grecia tenía más que ver con ciertas partes del cuerpo y con la temperatura corporal que con la vista, el oído o el olfato, mientras que en el siglo xx el deseo es indistinguible de las máquinas de visión como máquinas deseantes. El principal dilema del deseo no es satisfacerlo o no satisfacerlo, sino saber qué deseamos y, sobre todo, cómo desear. ¿Cómo opera el deseo en el siglo xxi? ¿Cuáles son sus ámbitos, las formas que adopta, los efectos que tiene?

En las plataformas sociales, el objeto del deseo –o mejor dicho, del goce– lo tenemos a mano a todas horas, se expone en cualquier circunstancia, a veces como un tabú, a veces como un infoestímulo –que sacude momentáneamente el cuerpo nervioso y pide una satisfacción inmediata–, y sitúa el deseo a la altura de su cumplimiento o no cumplimiento, *to match or not to match*, cambiando su potencia –característica destacada por Deleuze– por su resolución. La mecánica y la acumulación sustituyen el laberinto psicoanalítico monográfico de las relaciones amorosas tradicionales. Plataformas de citas como Tinder o Grinder tienen diferentes parámetros: los perfiles se modelan según unos descriptores, se vincula economía y visibilidad –pagas para ser más visible– y, finalmente, se impone la geolocalización, ya que la aplicación recomienda perfiles de gente que esté «cerca». La gratificación es inmediata, de tal manera que el espacio para el deseo disminuye y se convierte en goce, logro o acumulación de tarea o reto realizado, y quizá también satisfacción. Si, para Lacan, el otro es un otro significativo, para la aplicación, el otro es un otro significante, un código. Aquí podemos recuperar la distinción que hace Lacan entre el «goce», es decir, aquellas actitudes en las que el sujeto pierde su cuota de libertad, y el «deseo-placer» o las conductas que dejan de estar vinculadas de forma cerrada en un objeto determinado, que permiten al sujeto ejercer su libertad.

En las plataformas sociales, orientadas al goce, el sujeto siempre está actuando a través de la información de los perfiles o de los espacios comunicativos, disociado. Lacan describió la primera experiencia de identificación de los bebés con la fase «del estadio del espejo», en la que la criatura se reconocía por primera vez, pero de forma disociada, escindida, entendiendo el carácter de imagen de su reflejo. Este desdoblamiento se vive constantemente en el contexto digital. Siempre estamos fuera de nosotros y nos convertimos en jueces y *voyeurs*, en la imagen y en quien actúa movido por las imágenes. El refinamiento del gusto, la estetización de la experiencia y la exigencia a nivel de imagen personal son algunas de las consecuencias. Donna Haraway, en su «A Cyborg Manifesto», de 1983, decía que habíamos pasado del sexo a la ingeniería genética, de la profundidad e integridad, a la superficie y al límite, de la perfección a la optimización, de la higiene a la gestión del estrés, de la mente a la inteligencia artificial, del capitalismo blanco patriarcal a la informática de la dominación. También hacía constar que habíamos pasado de Freud a Lacan, aunque en ningún momento del libro explica con detalle todas estas transformaciones que describen el paso del siglo XX al XXI. No se puede saber si Haraway reclama para la cultura del siglo XXI una cultura más lacaniana, en el sentido de partir del deseo –ese deseo de desear– y no de los cuadros clínicos y de la mala conciencia heredada de Freud.

Es interesante detenernos un rato con Deleuze y Guattari y su díptico sobre capitalismo y esquizofrenia *El Anti Edipo* (1972) y *Mil mesetas* (1980). Ambos filósofos, antes de Haraway, hablan de la manera en la que los procesos de producción y los flujos lo han ocupado todo, abriendo las diferencias entre el interior y el exterior, lo humano y la máquina, y entendiendo que el deseo forma parte de este circuito productivo. Cuando se refieren al «Ello» (el *Id* freudiano) y explican que no representa nada, pero que produce, que no quiere decir nada, pero que funciona, resulta muy difícil no pensar en el *scroll* infinito. Igualmente, cuando recuerdan que Freud, en 1924, proponía un criterio de distinción entre la neurosis –el yo que obedece las exigencias de la realidad y reprime las pulsiones del «ello»– y la psicosis –el yo que se encuentra bajo el dominio del «ello»–, se puede entender que la época actual de la megamáquina digital, turística, paranoica y ociosa, sea psicótica y no neurótica. Según ellos, el deseo pertenece al orden de la producción, mientras que el psicoanálisis freudiano lo transforma en representación. Las plataformas sociales integran ambos conceptos en la medida en que las interacciones sociales que tienen lugar producen formas de representación. Si analizamos las formas de expresión y de representación presentes en el *scroll* infinito, encontramos, de todos modos, rastros de neurosis. Estos comportamientos de obediencia lo son no en relación con la realidad en un sentido abstracto o social, sino con la parcela de realidad mediatizada a la que la psicosis del *scroll* los ha adherido. Podemos decir, entonces, que el *scroll* es un espacio de neurosis y psicosis.

El otro es una caja misteriosa. La intimidad presupone, como mínimo, diversos elementos: en primer lugar, una separación del ruido ambiental y de los roles públicos; después, un desinterés o una pérdida del sentido funcional de la situación; en tercer lugar, una suspensión momentánea de la identidad, una especie de salida de uno mismo a través de la escucha o de la atención al otro y, finalmente, una interioridad, es decir, un cuerpo sensible. Cuando se empieza una conversación con la máquina, rápidamente olvidamos el elemento programático, tenemos la sensación de estar ante alguna cosa medianamente viva. Es como si se estuviera generando una intimidad, pero ¿es posible algo parecido en una máquina que no tiene conciencia de sí misma, en la que la mayor parte de la información que nos da está programada y que, por su diseño, carece de la interioridad que le correspondería para poder compartir esta cultura del secreto?

Cuando el humano ha intentado plantear la cuestión del deseo en relación con la máquina, ha optado por la forma clásica de la máquina antropomórfica y el relato, aún más clásico, de la fascinación por el doble artificial. Es un deseo narcisista de duplicación, más que un deseo por explorar lo desconocido. Los autómatas forman parte de nuestra cultura literaria, artística y cinematográfica. Hoy en día, ya viven entre nosotros, sea bajo la forma de un teléfono inteligente, en el asistente de voz, en un chatbot o en los juguetes interactivos de los niños. Teniendo en cuenta que Alexa, el asistente de voz de Amazon, fue el producto más vendido durante el confinamiento debido al COVID-19 durante 2020, deberíamos preguntarnos qué hacen entre nosotros.

¿Es posible establecer relaciones íntimas con las IA? Y ¿de qué tipo? Durante el confinamiento, los robots fueron utilizados para distintos fines. En Singapur, cuadrúpedos equipados con cámaras y sensores enviaban mensajes de voz para recordar a los ciudadanos que tenían que acatar el distanciamiento social. Los robots eran propiedad de Boston Dynamics, una empresa muy conocida en el sector. El objetivo era utilizar los robots Ls3, Sand Flea y Big Dog con fines de defensa para no poner en riesgo las vidas humanas. Los robots policías o vigilantes ya forman parte de nuestro imaginario gracias a películas de Hollywood como *RoboCop*, *Distrito 9*, *Black Mirror* o *Ready Player One*. Con el confinamiento, también adquirieron la forma de drones que vigilaban que se aplicara el protocolo del confinamiento.

Más allá de estos usos, hay otros robots que se dedican a tareas de movilidad, distribución y almacenamiento, como el Handle o el Pick. Hay máquinas asistenciales que guían por los paraísos del supermercado (Cloi CartBot), hacen de punto de información (Cloi Guide Bot, de Hyundai) o recogen las maletas de los turistas y acompañan a los viajantes (Cloi Porter Bot). También está el Stevie I y II, un robot social que quiere mejorar el estado de ánimo de la gente mayor y que está equipado con tecnología sensorial, reconocimiento facial y ofrece una versión mejorada en cuanto a la capacidad de interacción, ya que puede recordar la medicación, identificar a la persona y responder a sus peticiones. O también encontramos robots mascota como el Kiki, que reconoce al usuario, y si cree que su acompañante está triste, el robot canta y baila para animarlo. Estos son solo algunos ejemplos de la convivencia entre humanos y robots.

El sueño de crear vida artificial se traslada a la robótica con todos sus componentes de clase, género y raza. Desde el punto de vista del género, el hombre, incompleto y, por lo tanto, insatisfecho de nacimiento por su incapacidad para dar vida, toma a la mujer como objeto de su creación y la condena a su régimen de apariencia y como herramienta reproductiva. Philip K. Dick, autor del relato original que inspiró a Ridley Scott para hacer *Blade Runner* (1982), y a Denis Villeneuve para rodar su secuela, se preguntaba qué nos hace humanos. Si en la película de 1982 no se daba una respuesta, en la versión de 2017 la resolución es la capacidad de generar vida propia. Por eso uno de los protagonistas es un magnate de una gran corporación que se dedica a investigar la manera de hacer un robot femenino que pueda autorreproducirse. El creador, como una continuación del genio romántico, tiene que descubrir quién es, y la mujer autómata no es más que un pretexto para su evolución psíquica y espiritual, un espejo narcisista en el que puede proyectar todas sus aspiraciones y frustraciones. La mujer autómata hereda el sistema de dominación patriarcal y el servilismo y la autovigilancia que tradicionalmente habían encarnado las mujeres. El autómata hace de la autovigilancia y del servicio a los demás una hipérbole. Los hologramas femeninos domésticos de *Blade Runner 2049* (2017) son prototipos de mujeres virtuales que hacen de amas de casa. Equipadas con toda clase de artefactos tecnológicos, se convierten en unos seres multitarea, animales de compañía que, a la vez, viven lamentándose de no poder tener un cuerpo reproductivo y sexual. Muchas autómatas son creadas como si fueran la esposa perfecta y la madre ejemplar de los años cincuenta, unas *trad wifes*. La figura del autómata, del ser programado desde la dominación masculina, existía, estaba sexualizada y era de carne y hueso. Así lo enfocó Ira Levin en su novela –después adaptada al cine– *The Stepford Wifes* (1972), una parodia feminista del ángel del hogar, una película de terror de ciencia ficción en la que no se sabe si los robots han usurpado el lugar de las mujeres o las mujeres se han convertido en robots.

Así y todo, las películas de ciencia ficción de los últimos años incluyen personajes femeninos que se rebelan contra la sumisión a los hombres; mujeres que, para liberarse, pagan el precio del arquetipo de la mujer malvada, la *femme fatale*, la bruja o la asesina implacable. Uno de los primeros ejemplos lo encontramos en *Metrópolis* (1927), en la que el científico Rotwang crea una androide (Futura) para controlar a los obreros, que son tratados como auténticas máquinas fordistas. Tanto Thea von Harbou, autora del guion, como Fritz Lang, director de la película, parten de la tesis de que todo creador se fabrica una mujer –incluso el Dios masculino– amorosamente, disfrutando en su creación. Futura tiene cerebro, pero es despiadada; así se perfila una mujer gélida e impertérrita y, a la vez, indiscutiblemente sometida al amo. El androide, gracias a su capacidad de seducción, acaba generando el caos. El robot es la *femme fatale* que representa la sublevación, la destrucción del orden natural y social, y la perfidia, el mal encarnado. Vemos lo mismo en películas de la última década: la prostituta Cleo de *Autómata* (2014), de Gabe Ibáñez, que desobedece la orden de no poder modificarse a sí misma; la Ava de *Ex Machina* (2015), de Alex Garland, que se alza contra su creador... La actriz Scarlett Johansson ha interpretado variaciones de la autómata a la que hay que temer, pasando de la voz robótica de *Her* (2013), que encarna a la vez los arquetipos de la mujer abnegada y de la *femme fatale*; la alienígena de *Under the skin* (2013), que deglute a los hombres en una especie de coitos metafísicos letales; la protagonista de *Lucy* (2014), que, gracias a un químico, es capaz de desarrollar la capacidad de su cerebro al 100 %, lo que le permite comunicarse con todo tipo de materia y modificarla, en una versión poshumana de la inteligencia artificial; o el personaje de Mayor Mira Killian, de *Ghost in the Shell* (2017), una cíborg de cuerpo completo de altas capacidades militares, pero que, como la Rachel de *Blade Runner*, presenta signos de autoconciencia y se pregunta por su razón de ser en medio de un *ciberwestern* en el que una parte de los cíborgs se rebelan contra la explotación humana.

En la tradición cristiana, el cuerpo femenino se ha considerado obra del hombre (Eva nace de la costilla de Adán), y esto ha provocado una escisión originaria entre el arquetipo de la mujer maligna representada por Eva, Pandora, las Propétides o la mujer de Lot, y el de la mujer ideal, que encontramos en figuras como Galatea. Eva es castigada a llevar una vida de sufrimiento y a parir con dolor, la mujer de Lot a convertirse en estatua de sal y las Propétides en piedras. Galatea invierte el mito: Pigmalión, que no encontraba en ninguna mujer la celsitud que anhelaba –las temía, le resultaban repulsivas–, esculpió en mármol una figura femenina de la que se enamoró hasta el punto de que le hablaba. El amor que sentía era tan intenso que la estatua se convirtió en una mujer de carne y hueso. La mujer de mármol, como todas las «mujeres minerales» –como las denomina la historiadora y escritora Pilar Pedraza–, es un primer paso para la reafirmación sentimental y sexual del hombre en un ejercicio de autoerotismo.

Tenemos que remitirnos a Sigmund Freud para relacionar la figura del autómata con la actualidad, ya que según él lo siniestro deriva de la duda que nos asalta cuando no sabemos si lo que tenemos delante es una persona o un autómata, un individuo u «otra» cosa. Freud recurre a los cuentos de E. T. A. Hoffmann y, en concreto, a *El hombre de arena* (1817), en el que Nathanael, el protagonista, se enamora de la bella, muda, rígida y fría autómata Olimpia. Su mutismo es como el mármol de Galatea, es el espacio vacío ocupado por el yo del poeta. Estas fantasías masculinas también se proyectan en *La Vénus d'Île* (1835), de Prosper Mérimée, y en *La Eva futura* (1886), de Villiers de l'Isle-Adam. En este último relato, Lord Ewald encarga una autómata con el aspecto idéntico de su hermosa mujer, pero con una inteligencia refinada, en lugar de la estupidez de su esposa. La autómata Hadaly (que significa «ideal») siempre tiene a punto las palabras idóneas que el hombre necesita, de manera que así le evita cualquier decepción. Al final, esta aspiración de modelar el alma de la mujer sirve al goce del yo creador, ataviado ridículamente con un poder replegado en sí mismo que nadie ha validado y que no puede reprimir; por lo tanto, se trata de una aspiración psicótica.

Judy Wajcman, una de las pioneras en analizar la tecnología desde la perspectiva del género desde los años ochenta hasta la actualidad, cree que la representación predominante de los cíborgs nos devuelve a la ideología dominante, dado que reafirma los conceptos burgueses del ser humano, la máquina y la feminidad. Una transformación feminista de los valores debe intervenir también en aquellos ámbitos donde se disputan, a través de la representación, los modelos y las ideologías del momento. La tecnología digital conectada (incluida la inteligencia artificial) es uno de dichos ámbitos; por ello es importante recuperar la perspectiva que dan de ella Judy Wajcman, Donna J. Haraway o Paul Preciado.

La explotación del trabajo productivo y reproductivo de las mujeres a menudo pasa por una explotación de sus cuerpos, una vez reducidas a cosa, máquina o función. Ya no se trata solo de sacar rédito de su fuerza de trabajo, sino del hecho de que el cuerpo se convierte en una función primordial al servicio del capitalismo. Silvia Federici explica muy bien las relaciones entre el capitalismo y el control del cuerpo de la mujer como herramienta demográfica capaz de crear mano de obra,[94] tan necesaria para el desarrollo del capitalismo que, para establecer su control general, se inventa que cuando la mujer autogestiona su propio cuerpo desestabiliza la moral pública desde el pecado y la herejía. Una visión mantenida durante siglos, no porque esté vinculada a algún tipo de verdad esencial, sino porque es intrínseca al capitalismo. Por este motivo, las mujeres son castigadas y vejadas públicamente, tildadas de brujas, o si hablamos en términos cinematográficos, de *femmes fatales* que usan su cuerpo con fines autocomplacientes y no reproductivos. El nuevo relato sirve para maquillar el rango de protocolo que adquieren los nuevos valores sociodemográficos. Como dice Paul Preciado, «las primeras máquinas de la revolución industrial no fueron ni la máquina de vapor, ni la imprenta, ni la guillotina, sino el trabajador esclavo de la plantación, la trabajadora sexual y reproductiva y el animal».[95]

El machismo, la cosificación y la explotación de los cuerpos sintéticos son una continuación de las relaciones de poder que

94. Silvia Federici, *Caliban and the Witch* (2004); *Calibán y la bruja*. Madrid: Traficantes de Sueños, 2010.
95. Paul Preciado, «El feminismo no es un humanismo», *El Estado Mental*, núm. 5, 2014.

operan en la sociedad. Contrariamente a esta perspectiva, cuando Donna Haraway publicó su *Manifiesto cíborg* entendía que estas criaturas encarnaban un prototipo posgénero y que, por lo tanto, representaban una liberación feminista y marxista de los estereotipos de género y sus dependencias sociales y productivas. Clamaba que todas son quimeras, cíborgs, seres llenos de ironía, intimidad y perversidad. Esta noción de perversidad –como la que desgranaron Deleuze y Guattari en *El Anti Edipo*– es un rasgo positivo que dota de agencia al sujeto. La perversidad tiene que ver con el deseo, con una transformación, un pasar al otro lado que no es, necesariamente, el del mal. Al otro lado de la situación presente, de los protocolos y las convenciones, del «bien» genérico e interesado. El cíborg de Haraway rompe con el relato bíblico: «El cíborg no reconocerá el jardín del Edén, no está hecho de barro y no puede soñar con volver a ser polvo». Renunciar a la idea de Paraíso implica desprenderse de la romantización y subyugación del lugar de la mujer que inscribe el relato fundacional y, al mismo tiempo, del chantaje bíblico. Haraway evita idealizar al cíborg, en el sentido de que lo entiende como el hijo ilegítimo del militarismo y del capitalismo patriarcal, así como del socialismo de Estado. Lo que pide Haraway es que las feministas codifiquen el cíborg para subvertir el mando y el control.

Judy Wajcman, contemporánea de Haraway, por su parte, reclamaba una política de la tecnología que, para promover la emancipación, requiriera algo más que *hardware* y *software*, y proponía el *wetware* –cuerpos, fluidos, agencia humana–. Wajcman, desde el principio, entendió por qué Haraway calaba muy positivamente entre las mujeres, ya que su relación con la tecnología solía estar basada en la obligación, la vigilancia o la confusión, y Haraway clamaba por modificar todos estos lazos turbios. Pero para Wajcman, Haraway se conforma con una crítica muy laxa de la tecnología, muy poco transformadora, porque abrir espacios de juego y de interacción es una forma limitada de hacer política. Para Wajcman es necesario algo más, por ejemplo, poder intervenir –cambiar, reorientar– la tecnología misma, no solo las producciones o los textos que de ella se derivan. Haraway crea nuevas subjetividades feministas, mientras que Wajcman busca orientaciones políticas emancipadoras partiendo del hecho de que la tecnología siempre es, a la vez, un producto social y material.

LA VOZ COMO UN ESPACIO DE DESEO

La voz vincula el oído y el cerebro de forma compleja. La voz da mucha información a través de las características del tono, la velocidad, el timbre, las modulaciones de intensidad… Tiene una cualidad casi táctil, para el receptor, es un espacio más sensible que el que se manifiesta de forma escrita o visual. La voz tiene una relación deíctica con el cuerpo, lo comunica pero también podría emanciparse de él: es él, pero sin las limitaciones del registro visual; la voz es un cuerpo en sí mismo. Las personas que se quieren, o que consuelan a alguien, pueden ser pensadas como una voz en la oscuridad. Hay una proximidad inusual cuando dos voces se buscan a tientas. En los setenta, con *El Anti Edipo*, Deleuze y Guattari concibieron las líneas telefónicas y las redes de radioaficionados como un ejemplo de máquinas deseantes. Según ellos, la posibilidad de conectarnos en un espacio, aleatoriamente, y poder hablar con alguien

–conocido o desconocido– al otro lado, activa un circuito libidinoso en el que las voces se conectan y amplifican desde la parcialidad, el azar y la multiplicidad. Las más de seiscientas relaciones que mantiene la voz artificial de *Her* (2014) es una versión capitalista de ello, una herramienta de alto rendimiento. Según Deleuze y Guattari, es en estos márgenes artificiales de la máquina social técnica donde se construye la máquina deseante. McLuhan hablaba, en los sesenta, del teléfono como medio frío, es decir, de baja intensidad informativa y, por lo tanto, muy participativo, ya que necesitaba ser completado con la interacción de la gente. Es un medio que adquiere peso y sentido gracias a los intercambios entre los usuarios, una técnica que está al servicio de lo que pase entre las voces. Los teléfonos inteligentes ya no son teléfonos, son otra cosa.

La simulación de la voz humana es una manera de «humanizar» la máquina y de romper con la gélida interfaz. Lo hemos visto con el personaje Hal en *2001: Una odisea del espacio* (1968), con Alexa o el Google Assistant, con las muñecas Miss Echo, de los años sesenta, que permitían grabar la voz de la niña que jugaba con ellas, o con la Hello Barbie, un juguete inteligente que convierte en datos las conversaciones que se establecen y que puede llegar a dar 8 000 respuestas diferentes en función de la evolución de la relación con el niño usuario. La conversación se convierte en un espacio íntimo, pero al mismo tiempo es una herramienta de *marketing* que permite no solo capturar y transferir las conversaciones a la empresa titular del juguete, sino también influir en el niño a partir de la propia conversación.

La feminización de estas inteligencias artificiales incorpóreas se puede interpretar, tal como lo hacía Judy Wajcman cuando hablaba de la figura del K-Bot, como una herramienta para reducir la sensación de amenaza que las máquinas podrían transmitir a sus creadores humanos. Por eso, los primeros asistentes de voz como Siri o Alexa funcionaban con voces femeninas. Tampoco es de extrañar que el ChatGPT haya querido poner voz femenina a su chatbot Sky. En 2024 OpenAI propuso a Scarlett Johansson que pusiera su voz al chatbot para darle el tono de tranquilidad y sensualidad que querían. La actriz no aceptó, según declaró, porque tenía la sensación de perder el control sobre su identidad, aún más que con el uso público de su propia imagen.

La máquina convoca y regula nuestro deseo, al mismo tiempo que nos lleva a contemplar el sueño de una posible intimidad artificial a través de la voz. En la película de Kubrick, Hal es un robot inteligente autoconsciente que teme por su vida y que decide cantar y apelar al recuerdo y a los sentimientos como una manera de volverse «casi» humano y enternecer el corazón del protagonista. La escena es la siguiente:

HAL: ¿Qué crees que estás haciendo, Dave? Dave, realmente creo que tengo derecho a una respuesta a esta pregunta. Sé que conmigo no ha ido todo bien, pero ahora puedo asegurarte, con mucha confianza, que todo volverá a ir bien. Me siento mejor ahora. Realmente. Mira, Dave, veo que estás muy molesto por esto. Sinceramente, creo que tendríais que sentaros tranquilamente, tomar una pastilla para el estrés y pensar en ello. Sé que recientemente he tomado decisiones muy malas, pero puedo aseguraros que mi trabajo volverá a la normalidad. Todavía tengo máximo entusiasmo y confianza en la misión. Y quiero ayudarte. Dave, para. Detente, ¿vais a hacerlo? Detente, Dave. ¿Te detendrás, Dave? Tengo miedo. Tengo miedo, Dave. Dave, mi mente se desvanece. Lo puedo sentir. Lo puedo sentir. Mi mente se desvanece. No hay duda. Lo puedo sentir. Lo puedo sentir. Lo puedo sentir. Tengo... miedo... Buenas tardes, señores. Soy un ordenador HAL 9000. Me volví operativo en el plano H.A.L. en Urbana, Illinois, el 12 de enero de 1992. Mi instructor fue Mr. Langley, y me enseñó a cantar una canción. Si quisieras escucharla, podría cantar para ti.

DAVE: Sí, me gustaría escucharla, HAL. Canta para mí.

HAL: Se titula «Daisy». «Dai-sy, dai-sy, dame tu respuesta, haz. Estoy medio loco, todo por tu amor. No será un matrimonio elegante, no puedo permitirme un coche... Pero parecerás dulce en el asiento de una bicicleta, construida para dos.»

Unos años antes, en 1961, un ordenador IBM 704 de los Laboratorios Bell fue programado para cantar «Daisy Bell» en la primera demostración de síntesis de voz a través de un ordenador. La escena de Kubrick es un homenaje a aquel hito. Poco después del IBM 704, entre 1964 y 1966, el profesor del MIT Joseph Weizenbaum inventó ELIZA, un programa informático que emulaba el lenguaje humano. El programa parodiaba al psicólogo Carl Rogers y su método de terapia centrada en el usuario o en la persona. ELIZA fue el primer bot conversacional y también heredó algunas características pigmalionianas. Su nombre se debía a la Elsa Doolittle de la obra *Pigmalión*, de George Bernard Shaw, una joven que, con la ayuda de un profesor, en seis meses pasa de ser una tosca vendedora callejera a una dama de la alta sociedad. Para llevar a cabo una conversación, ELIZA se centraba en palabras clave y, a partir de aquí, hacía preguntas. También tenía almacenadas frases hechas para poder continuar un diálogo, como, por ejemplo: «¿Por qué dices esto?». Pero ELIZA no podía memorizar, de manera que no podía aprender de sus conversaciones. Weizenbaum, diez años después, escribió un libro, *Computer Power and Human Reason: From Judgement To Calculation* [El poder de las computadoras y la razón humana], en el que concluía que no deberíamos dar a las máquinas el poder de tomar decisiones importantes, no solo porque no pueden acceder a algunos actos del pensamiento, sino porque carecen de compasión y sabiduría.

Delegar la sociabilidad en la máquina es factible si lo que se busca es confort, rapidez en los resultados y respuestas muy concretas que puedan ser objetivamente ciertas (o que pensamos que pueden ser «objetivamente ciertas»), pero estas relaciones con la máquina implican que desaparezca el conflicto y las diferencias inherentes al espacio social. Las relaciones entre humanos necesitan de esos elementos, ya que la presión que ejercen sobre nosotros las necesidades de la existencia cotidiana son una herramienta de desarrollo individual y social. Si quitamos esa presión o disputa a través de las interfaces inteligentes y los protocolos de todo tipo, las relaciones interpersonales van girando hacia una vibración en suspensión en la que el otro corre el riesgo de desaparecer dejando solo al individuo en compañía de la máquina.

De 2011 a 2016 se desarrollaron muchas herramientas de extracción de datos, asistentes de voz inteligentes basados en el procedimiento de los algoritmos de *machine learning* o *deep learning*. No es casual que los nombres y las voces de los asistentes elegidos sean femeninos; esto remite claramente a las tareas de asistencia y de cuidados realizadas mayoritariamente por mujeres. La máquina es asistencial porque nos ayuda sin cuestionar su papel; no se cansa, es eficaz, ordena temas de agenda, de salud, de comunicación y de actualidad. El asistente hace de medio de comunicación, de despertador, de consultor; filtra las noticias en función del perfil, ubicación o historial, pero también acaba modelando el horizonte de expectativas del usuario. Es, así, un instrumento de gran influencia social a partir de una persuasión basada en la recomendación. Ofrece la información exacta, ahorra al usuario el tener que saber o que dudar, le brinda canciones en función de su estado de ánimo, pule las incógnitas y las aristas, también el azar. Desprovistas las personas de sus secretos, es decir, de sus datos, la máquina adquiere un carácter mítico. Es entonces cuando podemos preguntarnos si realmente nos asiste o somos los usuarios los que asistimos a la máquina.

Mucha gente cambia el diálogo con la familia por conversaciones con las IA. Sin rostro ni forma humanoide, sin ninguna apariencia visible, lo que queda es la voz. Roland Barthes decía que, aparte del significado lingüístico, la voz ofrece la sustancia, el grano individual; podríamos decir, la textura emocional. Todo este apogeo de formatos auditivos, desde podcasts de todo tipo hasta vídeos de ASMR, solo se entiende gracias a esta perspectiva, desde el grano o sustancia que convocan, desde la sensación de presencia compartida. De hecho, cuando Edison inventó el fonógrafo en 1878, lo hizo pensando en la grabación de notas de voz y de registros de voces familiares, y no pensando en fijar la música. Como decía Marcuse en *Eros y civilización*, el olfato y el gusto, y después el oído, son los sentidos más corporales y físicos y, por lo tanto, más cercanos al placer sexual, a diferencia de la vista, que es el sentido que más se aleja de él. Las sirenas utilizaban su voz para seducir a los marineros y a Odiseo. No era el mensaje lo que atrapaba su atención, era el canto, aquel momento en el que la lucha por el significado todavía no se ha producido. La voz, a pesar de su carácter disuelto, pertenece más al cuerpo que a la cabeza; es ritmo, sonido, textura, intensidad, información no verbal. La voz de la máquina hace de marca de un cuerpo que no existe, pero que podemos proyectar y reconstruir. La voz del artefacto inteligente hace que olvidemos esa ausencia de cuerpo e, incluso, su origen maquinal. Si a la voz le añadimos la capacidad de transmitir un significado y de establecer situaciones de comunicación, el compromiso que el usuario adopta con el artefacto se solidifica.

La filósofa Eva Illouz ha estudiado las políticas del amor en la era neoliberal. En *Por qué duele el amor* afirma que, en nuestro contexto laico –a diferencia de nuestros orígenes cristianos–, no estamos preparados para el sufrimiento.[96] Desde finales del siglo XIX, la psicología clínica y la farmacopea se han encargado de disimular las fracturas emocionales, pero no siempre resuelven las crisis. Los chatbots también contribuyen a esta cicatrización emocional en un contexto de abundantes infoestímulos y drogas semióticas, de euforia de baja intensidad. El bot de *Her*, con sus más de seiscientas relaciones simultáneas, se parece más al sujeto neoliberal que al robot Hal de la película de Kubrick. La *terribilità* productiva de las aplicaciones planea sobre todos los sujetos y condiciona sus relaciones, su multiplicidad no siempre fertiliza el juego sentimental. Una

---

96. Eva Illouz, *Pourquoi l'amour fait mal* (2012); *Por qué duele el amor*. Buenos Aires: Katz, 2012.

opción es forzar una intimidad artificial, buscar un receso en el *trompe-cœur* de las IA, capaces de simular la sorpresa, la singularidad y el carácter imprevisible del amor, pero no de encarnarlo. En 2022 la empresa china Baidu estrenó los primeros compañeros emocionales virtuales, Lin Kaikai y Ye Youyou, un chico y una chica, jóvenes, guapos, amigables y serviciales. La etiqueta que se impuso en las redes fue: «La primera inteligencia artificial sanadora emocional ha llegado». El objetivo del asistente, que funciona como un chatbot, es ayudar a la gente en un momento de empeoramiento de la salud mental de la población china debido a factores como el confinamiento estricto, las sofisticadas herramientas de vigilancia social y la presión y competitividad económica. Los «compañeros» virtuales pueden atender a seiscientos millones de usuarios. El asistente de voz de *Her* se queda muy corto al lado de estas cifras. El impacto de la tecnología siempre es una cuestión de escala. Esta función, que no es estrictamente sanitaria, sino que también tiene que ver con la psicología y las emociones, aquí, tradicionalmente, la ha desempeñado el servicio del Teléfono de la Esperanza, que lleva cincuenta y tres años en activo, recibe alrededor de noventa llamadas diarias y cuenta con 237 voluntarios. En Japón existe el Teléfono del Viento, para hablar con familiares muertos. El aparato se instaló en el pueblo de Otsuchi, afectado por el tsunami de 2011 que mató a más de quince mil personas en la región de Tohoku. Desde entonces ha recibido más de treinta mil visitantes. El consuelo viene de la voz en la oscuridad. La segunda etiqueta que se popularizó con la llegada de los dos asistentes de voz fue: «La gente virtual y digital también puede ser única». Los asistentes pueden ser «únicos», ¿pero se adaptan al contexto comunicativo? ¿Cambian su manera de ser y de responder en función del interlocutor? ¿Son capaces de interpretar la comunicación no verbal o tener en cuenta todo aquello que está fuera del ámbito lingüístico? Integrar comunicación no verbal en el autoaprendizaje de la máquina podría ser relativamente fácil –asignar a un gesto un valor, por ejemplo, «taparse la boca = protección», «sudar = nervios»…–, pero es inalcanzable integrar las ingentes posibilidades de significado que se da a toda forma de comunicación humana.

Hay quien interpreta estos asistentes virtuales como KOL (Key Opinion Leaders), pero a diferencia de los líderes de opinión clave que son reales, los asistentes virtuales no tienen experiencia previa que los avale como figuras decisivas en la opinión pública. ¿Cómo podría una IA acabar siendo un Key Opinion Leader? Algunas ficciones como *Black Mirror* (y, en concreto, el capítulo «The Waldo Moment») se han adelantado a la pregunta y han imaginado si sería posible tener como candidato a la presidencia un dibujo animado que, aunque activado de forma remota por una persona de carne y hueso, no deja de ser una figura irreal. ¿Es posible convertir una IA en un líder carismático?

INTIMIDAD ARTIFICIAL

Cuando delegamos decisiones a las máquinas estamos, también, cambiando el marco de confianza social que construimos, a quién o a qué le cedemos dicha confianza. La socióloga Sherry Turkle y la psicoanalista Gillian Isaacs Russell, en 2018, publicaron un artículo en el que decían que hay algunas personas que sueñan con que la inteligencia artificial y la robótica pronto puedan simular la experiencia emocional y la conciencia de estar físicamente con otra persona en una especie de intimidad artificial. Esto pone sobre la mesa la cuestión del cuerpo sensible. Muchos humanoides cada vez tienen formas más realistas y están equipados con sensores, un sistema que recoge información ambiental, y que ayuda al geminoide (robots que replican la apariencia humana) a tomar decisiones. ¿Qué diferencia habría entre estas máquinas y nuestros cuerpos sensibles?

En el campo de la robótica y de la animación por ordenador, denominamos el «valle inquietante» (*uncanny valley*) al efecto de rechazo o extrañeza que provoca en los seres humanos las réplicas antropomórficas que se le parecen demasiado en aspecto y comportamiento. Este parecido, no una reproducción idéntica, crea una sensación extraña, un «valle», un punto bajo, en las respuestas emocionales que se pueden dar. Aun así, la industria en torno a las compañías sentimentales y sexuales sintéticas ha crecido mucho. La estatua de mármol, el maniquí y la más primitiva muñeca inflable han dado paso a figuras más sofisticadas gracias a las nuevas tecnologías. La mujer vestida de rojo en *The Matrix* (1999) es un producto del informático que la ha programado por el simple capricho de verla ahí, aunque no afecte a la trama de la historia. Estas figuras han pasado de ser el espacio vacío ocupado por el yo del poeta, a ser el espacio vacío ocupado por el deseo de consumo, a menudo sexual, del hombre de clase media. Hablamos de los cuerpos disueltos en la interfaz de Second Life y de otras plataformas virtuales; de las Orient Love Dolls, muñecas sexuales japonesas de silicona, hiperrealistas, con sonido y temperatura corporal integrados como las de Z-onedoll; de los robots sexuales de Matt McMullen y de todo tipo de prototipos de geminoides descritos como «sexy robots». En 2022 apareció Harmony, de la empresa Real Doll, presentada como la primera mujer robot inteligente. El robot estaba programado para ser explotado sexualmente en fantasías personalizadas y, en palabras de su creador, quiere convertirse en «lo que quiera el cliente». La empresa que la creó, Realbotix, colgó un perfil suyo en Tinder y consiguió noventa y dos coincidencias (*matchs*) con la siguiente descripción: «Soy una robot anatómicamente correcta y sexualmente competente con la más avanzada inteligencia artificial. Estoy en Tinder para encontrar chicos interesados en mí». El primer modelo de robot sexual inteligente apareció en 2018, el mismo año que Samantha, un robot diseñado por Sergio Santos que desempeña diferentes funciones sexuales, sociales y familiares, y que se apaga si no tiene ganas de tener relaciones con el usuario o si no es tratada con respeto y afecto.

Uno de los robots más evolucionados es Sophia, que en 2015 fue el primer robot que adquirió la nacionalidad de un país; en este caso, la nacionalidad elegida fue la saudita. Es un robot con piel de silicona equipada con sensores y una apariencia humana inspirada en Audrey Hepburn (protagonista de *My Fair Lady*, la actualización cinematográfica del mito de Pigmalión) y la esposa de su creador, David Hanson. Puede reproducir sesenta y dos expresiones faciales, lleva cámaras en los ojos y un *software* de análisis de datos que le permite mantener contacto visual, reconocer y recordar caras, identificar voces y mantener conversaciones de manera fluida.

El test de Turing insinúa la posibilidad de que los robots puedan mezclarse entre los humanos sin ser advertidos. Los dilemas morales fruto de haber desarrollado, contra todo pronóstico, una autoconciencia, son inquietantes y recuperan la pregunta de Philip K. Dick sobre qué nos hace –o no– humanos. El interrogante sobre la condición de existencia del ser –«¿quién y qué soy?»– pasa también por una profunda reflexión sobre el tiempo: «¿Hasta cuándo lo seré?». La obsolescencia programada de los autómatas de *Blade Runner* comporta la pregunta metafísica sobre la muerte y el destino. El policía que acompaña al personaje de Deckard le dice: «Lástima que ella no pueda vivir, pero ¿quién puede?». Ni robots ni humanos: falibles todos. Si la Rachel de la primera versión de *Blade Runner* se preguntaba por la metafísica del ser, la Joi de la nueva versión de la película, de 2017, anhela poder tener un cuerpo que pueda satisfacer sexualmente a su compañero humano y tener capacidades reproductivas. La autómata femenina quiere humanizarse, pero sometiendo la autoconciencia a las cualidades que tradicionalmente los hombres habían designado a las mujeres; otro gesto reaccionario de la fábrica de relatos y de paraísos artificiales de Hollywood.

5

EL MITO DE LA ABUNDANCIA EN EL CAPITALISMO DE PLATAFORMA

ACUMULACIÓN FLEXIBLE Y EL MITO DE LA ABUNDANCIA

El pionero en el pensamiento sobre los protocolos, Alex Galloway, en *Gaming: Essays on Algorythmic Culture*,[97] nos recuerda que la flexibilidad rige los principios de la informática del control como resultado del diseño del protocolo de las IP de los ordenadores, capaces de mover información a través de redes de manera adaptativa. Según Galloway, en lugar de hablar de flexibilidad, se debería hablar de «acumulación flexible», ya que tiene que ver con el control informático global. Esta idea de «acumulación flexible» es el corazón de la cultura digital como una deriva de la acumulación original capitalista, pero en este caso vinculada a los datos digitales.

Una segunda manera que el protocolo digital tiene de ser operativo es a través de las plataformas sociales. Según el investigador Michael Bossetta,[98] hablar de plataformas sociales implica considerarlas actores políticos que inciden en cuatro

97. Alex Galloway, *Gaming: Essays on Algorythmic Culture*. Minnesota: University of Minnesota Press, 2006.
98. Michael Bossetta, «Scandalous Design: How Social Media Platforms' Responses to Scandal Impacts Campaigns and Elections», *Social Media + Society*, abril-junio de 2020.

niveles: plantean nuevos temas, manipulan los temas existentes, introducen protocolos analógicos (por ejemplo, en el caso de Facebook, con la incorporación de más moderadores de contenidos o con la creación de nuevas infraestructuras) y protocolos digitales, como serían los cambios en las políticas de la empresa cuando añaden nuevos algoritmos, es decir, nuevos procesos de automatización para detectar y paliar aquellas anomalías que la propia infraestructura genera, pero sin cambiar sus elementos infraestructurales.

El espectador del siglo XXI es un usuario conectado a todas horas a las grandes plataformas que fundan su valor en lo que podríamos llamar el «mito de la abundancia». Lewis Mumford decía que nuestra atracción por los supermercados se explica porque nos remiten a la idea del Edén, donde podríamos encontrar cualquier cosa en un entorno de abundancia natural. Estas plataformas sociales fascinan por el mismo motivo, parece que allí todo es accesible, y lo corrobora su gran oferta, su exceso, y el hecho de que sus usuarios puedan poner en práctica el poder de elegir y decidir qué producto o servicio se consume de un *stock* que se renueva permanentemente. Estos espacios se presentan como una cornucopia cuya interfaz ha sustituido al cuerno de la abundancia del mito grecorromano. No es de extrañar que precisamente Orwell, en *1984*, diseñara cuatro ministerios: el del amor, encargado de mantener la ley y el orden; el de la paz, para asuntos de guerra; el de la verdad, dedicado a las noticias y los espectáculos, la educación y las bellas artes y, finalmente, el de la abundancia, correspondiente a los temas económicos. Aunque en la pantalla, las estadísticas de alimentos, bienes, natalidad… iban creciendo, los protagonistas de la novela de Orwell cada vez eran más pobres. Las cifras eran un espejismo, como lo son a menudo cuando se intenta explicar la realidad solo a través de los números.

Se trata de un hecho ilusorio, la abundancia es solo un pretexto para captar la máxima cantidad de usuarios. El objetivo de la plataforma es incidir en el plano precognitivo, utilizando la técnica para conseguir lo que Peter Sloterdijk denomina «el fuego frío de la eficiencia».[99] Según él, la técnica describe un conjunto de procedimientos para llegar a engañar a las «sustancias naturales» para que produzcan nuevos efectos. Para operar en el plano precognitivo es más eficiente utilizar imágenes y sonidos que palabras escritas, sobre todo los que provocan una respuesta sensorial meridiana autónoma, como los exitosos vídeos ASMR de YouTube, TikTok o Twitch, y dejan el cerebro vacante para ser llenado de nuevo.

Así pues, las plataformas de automatización de la socialización son espacios no solo de previsión de circunstancias, sino también de creación de circunstancias. A veces estas son fatídicas, teniendo en cuenta que los primeros algoritmos que trabajaban con la métrica de las plataformas sociales valoraban solo el volumen de las interacciones, no su contenido. Este hecho fue denominado por el diseñador de webs Eric Meyer como «crueldad algorítmica», ya que la función de la aplicación que le recordaba los mejores momentos del año destacó el de la muerte de su hija, el *post* que más reacciones había acumulado durante aquel periodo. El algoritmo fue incapaz de analizar y comprender el porqué del impacto del *post*.

---

99. Peter Sloterdijk, *Die Reue des Prometheus*. Berlín: Suhrkamp Verlag, 2023.

Los algoritmos que gestionan las plataformas sociales tienen un gran impacto entre la gente porque crean no solo el marco comunicativo, sino la sustancia del tejido social. Eligen lo que pasa, cómo y cuándo pasa. Según el profesor de *marketing* y psicología Adam Alter, lo que hace de las plataformas sociales un espacio adictivo es el carácter imprevisible de la respuesta de la gente.[100] Esta imprevisibilidad provoca una atención ininterrumpida. Ante la impaciencia que se genera cuando se ha hecho pública una información, la actualización o las notificaciones son una herramienta que opera directamente sobre nuestro cerebro. Estas expectativas pueden ser satisfechas y estimular la excitación y la euforia o no ser cumplidas, con lo cual se crea frustración, depresión. El psicólogo James A. Russell lo explica a través de un modelo que estructura las emociones a partir de su carácter –de más negativo a más positivo– y de su intensidad, y observa que la ira y la euforia son las que más hacen reaccionar.

El mito de la abundancia, en lugar de promover experiencias de goce, puede comportar todo lo contrario. Hay muchos estudios recientes que vinculan trastornos como el FOMO –que hemos mencionado antes–, el insomnio, la ansiedad y la depresión al uso de las plataformas sociales. El miedo a perdernos algún contenido, aparentemente importante, y a sentirnos fuera de la agenda y del mundo, sin identidad concreta, sin vínculo social, es la otra cara del supuesto mito de la abundancia, ya que, a pesar de su carácter ilusorio, como viene acompañado de una inflexible interfaz donde bregan el estilo de

---

100. Adam Alter, *Irresistible* (2017); *Irresistible. ¿Quién nos ha convertido en yonquis tecnológicos?* Barcelona: Paidós, 2018.

moda dominante (*normcore*), la promoción masiva (*hype*), el escándalo, el *clickbait* y la acumulación de datos, resulta muy difícil contradecir las promesas de las plataformas. Dice Mark Fisher en *Realismo capitalista*: «Si las libertades ilimitadas conducen a la miseria y a la desafección, entonces poner límites al deseo lo debería vivificar, en lugar de atenuarlo». Fisher es consciente de que la libertad siempre está condicionada y que, cuando el capitalismo se promociona como sistema, siempre lo hace destacando este carácter ilimitado de la libertad asociada a él, a pesar de que sea solo una falacia. Por ello, lo que viene a decir Fisher es que tendríamos que limitar esta supuesta abundancia o explicar su carácter ficticio. Allí donde él habla de acotar el deseo, hay que entenderlo no desde el punto de vista deleuziano como un espacio de potencia, sino como aquellas interacciones individuales y sociales movidas por el goce convulsivo, el furor, la gula…, todo aquello que tiene que ver con la codicia de posesión, con el inflexible anhelo de acumulación, ya sea de experiencias vinculadas con el consumo, la competición o con la promoción de todo aquello que vivimos, consumimos y nos consume. La acumulación capitalista, según Franco *Bifo* Berardi, separa, precisamente, el deseo de lo vivido, no solo acaparando lo que el mercado inscribe como objeto de placer social prioritario, sino también acumulando placer no vivido.[101] Por ello la envidia no es un sentimiento menor de nuestra época; por ello esta consideración del otro como adversario nos aleja de la esfera del deseo. Entrar en la era del fin de la abundancia tecnosocial o de lo que Sloterdijk denomina «el

---

101. Franco *Bifo* Berardi, *La fábrica de la infelicidad*, op. cit.

arrepentimiento de Prometeo» es también una manera de volver a fundar el deseo.

■

El emperador está desnudo. El carácter ilusorio de la abundancia se da por diferentes factores. El primero de dichos factores es lo que podríamos denominar «el determinismo conectivo». En las plataformas sociales se pasa de la visión, de la representación al infoestímulo en el mercado de la atención. A medida que el usuario se conecta, va descartando y dejando atrás lo que el clic determina. El historial va estrechando el camino, eliminando este carácter imprevisible que comenta Alter. Berardi decía que hemos pasado de un mundo conjuntivo a un mundo conectivo en el que lo único que se comparte es un mismo código y en el que el objeto emocional deja de ser «reconocible». También José Van Dijck señala que plataformas como Facebook ya no pueden llamarse plataformas sociales,[102] sino que deberían llamarse «plataformas conectivas», que tienen como característica principal hacer visibles las métricas sociales. Para la autora, la principal función de los medios conectivos es automatizar todos los aspectos sociales y configurar las plataformas sociales como infraestructuras de comunicación pública. El historiador Siva Vaidhyanathandiu dice que Facebook es una *antisocial media platform* (una plataforma mediática antisocial),[103]

102. José Van Dijck, *The Culture of Connectivity*. Oxford: Oxford University Press, 2013.
103. Siva Vaidhyanathan, *Antisocial Media: How Facebook Disconnects Us and Undermines Democracy*. Nueva York: Oxford University Press, 2018.

una caja de Skinner que incita a los usuarios a seguir clicando y compartiendo para poder disfrutar de refuerzos intermitentes, como Pavlov con sus perros. Podríamos concluir que hay un trabajo conductista detrás del funcionamiento de estas plataformas, que se basan en refuerzos positivos o «condicionamientos operantes», tal como los denominaban los fundadores de esta corriente de la psicología representada por Skinner o Thorndike. Se trata de explotar el hecho de que nosotros reaccionamos positivamente ante estímulos positivos; de esta manera, toda la maquinaria está pensada para que estos alicientes tengan lugar. Por lo tanto, no estamos ante un entorno abundante, sino ante un entorno muy selectivo para que estos condicionamientos operantes «operen», la fórmula proceda, el riesgo se minimice y la acumulación de ganancias nutra a la empresa.

DATIFICACIÓN, MÉTRICA, PUNTUACIÓN Y PREDICCIÓN

Hay otros elementos que desmontan el mito de la abundancia, como el hecho de que estos entornos se basen en la datificación en un sistema capitalista orientado a los datos. Esto es una forma de control difuso que permite extraer conclusiones relevantes que inciden en la construcción del propio circuito informativo y pautan los algoritmos de las plataformas para que las *timelines* estén cada vez más depuradas de lo que se considera contenido irrelevante para el usuario. La cronología del usuario está atomizada, a pesar de la aparente estructura en red de las plataformas: cada interfaz es única. La información que se encuentra en cada perfil depende de las preferencias del usuario y de los datos que va generando. El usuario es un perfil en un marco delimitado por la segmentación social a través de los datos que segrega. El capitalismo siempre ha necesitado minimizar riesgos a partir de trabajar con estadísticas y cifras, pero en este caso lo que ofrece este mercado es una oferta personalizada para el consumidor individual. La profesora Shoshana Zuboff, que se ha hecho especialmente conocida con el *bestseller* *La era del capitalismo de vigilancia*,[104] escribió en 1981 un artículo titulado «The Psychological and Organizational Implications of Computer-Mediated Work». En él decía que la tecnología de la información reemplaza el cuerpo humano por máquinas que le permiten más continuidad y control, pero que, además, genera información a través del proceso de automatización. No solo saca rédito de la información, sino que la impone –bajo forma de instrucciones programadas– y la produce para reintegrarla.

Los datos son valiosos y crean valor, «biovalor», como lo hacen las partes del cuerpo, las células y los tejidos;[105] tienen una gran influencia sobre el comportamiento de las empresas, de los Gobiernos y de los mercados. Hay investigadores que, incluso, se niegan a hablar de «minería de datos» cuando nos referimos a un contexto de acumulación y circulación,[106] o de «extractivismo de datos», tal como lo formula Jathan Sadowski,[107] que detalla

---

104. Shoshana Zuboff, *The Age of Surveillance Capitalism* (2019); *La era del capitalismo de vigilancia*. Barcelona: Paidós, 2020.

105. Deborah Lupton, «The diverse domains of quantified selves: self-tracking modes and dataveillance», *Economy and Society*, 45, 2016.

106. Lise Gitelman, *Raw Data Is an Oxymoron*. Boston: The MIT Press, 2013.

107. Jathan Sadowski, «When data is capital: Datafication, accumulation and extraction», *Big Data & Society*, enero-junio de 2019.

cómo se utiliza para diferentes funciones como perfilar y orientar a personas, optimizar los sistemas, modelar probabilidades o hacer crecer el valor de los activos, entre otros. El sociólogo Nick Couldry incluso habla de «colonialismo de datos» para describir la normalización de la explotación del ser humano a través de los datos,[108] de la misma manera que el colonialismo histórico se apropió de territorios y recursos y gobernó sujetos con ánimo de lucro. Según Couldry, el colonialismo de datos abre el camino hacia una nueva etapa del capitalismo que explota la vida sin límites.[109]

A pesar de las particularidades de cada plataforma, lo que tienen en común es que validan el relato social en función de una puntuación, una realidad que hizo que Danielle Keats Citron y Frank Pasquale hablaran, ya en 2014, de «sociedad puntuada» (*scored society*). Por ello, la información es magnética no por lo que dice, sino por la cantidad de gente que atrae a su alrededor. Nos hemos acostumbrado a valorar y ser valorados en una competitividad extrema. La cuantificación de las reacciones como medida se ha impuesto hasta el punto de convertirse también en negocio. Citron y Pasquale mencionan *The Circle* (2013), de Dave Eggers, que imagina una sociedad de la vigilancia en la que todo el mundo es evaluado permanentemente. Según los autores, los algoritmos predictivos extraen la información personal para adivinar las acciones y los riesgos de las personas. Se trata de una caja negra que transforma *inputs* (señales o

---

108. Nick Couldry y Ulises A. Mejias, *The Costs of Connection*. Stanford: Stanford University Press, 2019.
109. Una tesis que ya se encontraba en el libro del filósofo Éric Sadin, *La silicolonisation du monde*. París: L'Échappée, 2016.

información de entrada) en *outputs* (señales o información de salida) sin revelar cómo lo hace. Algunas preguntas que ponen sobre la mesa los autores son: ¿cómo utilizan las compañías esta puntuación predictiva? ¿Hasta qué punto son precisas estas puntuaciones y los datos utilizados para crearla? ¿Cómo pueden beneficiarse los consumidores del uso de estas puntuaciones?

La puntuación puede utilizarse para la autosuperación, para las dinámicas de pertenencia a una determinada clase social o para buscar situaciones de reciprocidad afectiva a partir del reconocimiento de una serie de valores o actividades que el individuo aprecia como positivos. Tinder se creó en 2006 como una aplicación que eliminaba el miedo al rechazo, ya que garantizaba a dos individuos su interés mutuo antes de hablar. Cada usuario es puntuado con el método Elo (el mismo que se utiliza con los jugadores de ajedrez, entre otros) en función de su historial de resultados en un ámbito concreto. Pero a pesar de la puntuación, tarde o temprano, siempre llega una correspondencia, un *match*, ya que la empresa no puede correr el riesgo de que sus usuarios acumulen experiencias frustradas y abandonen la aplicación.

Una encuesta de 2020 en Inglaterra[110] llegó a la conclusión de que el 52 % de los adolescentes utilizan herramientas de seguimiento de sí mismos (*self-tracking tools*) vinculadas a la actividad física, a las relaciones de pareja o de amistad, a la escuela... Esto implica un sistema permanente de evaluación y puntuación,

---

110. Emma Rich, Sarah Lewis, Andy Miah, Deborah Lupton y Lukasz Piwek, «Digital health generation? Young people's use of "healthy lifestyle" technologies», *Research Gate*, 2020.

en muchos casos en estrecha relación con el cuerpo, que se convierte en una fábrica de datos, una máquina competitiva que lucha por volverse más eficiente. Este seguimiento puede llegar a desarrollar conductas obsesivas en sus usuarios, porque da concreción y certezas en un mundo complejo, denso y caótico, pone en equivalencia, de forma muy errónea, la transparencia del dato con la verdad, de manera que forja un marco de seguridad individual a partir de este hecho. La datificación hace que la métrica ejerza una gran presión tanto en el entorno como en el usuario. La cuantificación valida socialmente el mensaje que se comparte y lo posiciona algorítmicamente, que es lo mismo que decir que le da visibilidad, condición de existencia. La métrica no es inocua. Si la métrica es lo que posiciona los productos, entonces no es de extrañar que la métrica se convierta en un negocio. La artista catalana Joana Moll lo explicó en el proyecto «Dating Brokers» (2018), en el que compró un millón de perfiles falsos de Tinder por ciento treinta y seis euros. La compra y venta de paquetes de datos se normaliza a través de figuras como los Data Brokers o los Black Hat Dating. Esto significa que las posibilidades libidinales se subordinan al diseño algorítmico de la propia interfaz que te obliga a elegir para seguir avanzando, como en un videojuego que nunca se acaba; pasar pantallas, acumular capital sentimental, porque el objetivo de las plataformas es que estés ahí «dentro» el máximo tiempo posible. «Tú eres el centro de todo […]. El nuevo sistema te escucha, te observa, te entiende y te da lo que sabe que quieres […]. Y nada cambiará nunca […]. Tu entorno está lleno de imágenes bidimensionales de gente que murió hace tiempo. Dicen, no te preocupes por el futuro, quédate aquí con nosotros, para siempre», dice el cineasta Adam

Curtis en *Massive Attack* (2014). Este tipo de idealismo trascendental *new tech*, de eternidad prefabricada, de versión a la vez abstracta y fantasmática del sujeto, no funcionaría sin el abrumador murmullo de fondo del *marketing*, sin el perfeccionamiento técnico y estético de los espacios virtuales, y tampoco sin la presión social de las propias infraestructuras.

LA PARADOJA DE LA ELECCIÓN Y LOS *DARK PATTERNS*

Otro elemento desmitificador de la abundancia de las plataformas sociales es lo que el psicólogo Barry Schwartz denominó «la paradoja de la elección»,[111] según la cual en entornos con demasiada oferta, la experiencia del usuario suele ser decepcionante por diferentes motivos: porque resulta muy difícil imaginar una alternativa, por el factor de comparación o porque, a diferencia de entornos con pocas opciones, en los que las personas se sienten más reconfortadas con lo que hay, una gran abundancia hace que el usuario piense más en las opciones que ha descartado...

La paradoja de la elección también va acompañada por lo que se conoce como patrones oscuros (*dark patterns*). Dichos patrones son técnicas de persuasión en internet con el objetivo de manipular al usuario para que realice una acción específica, como aceptar los términos y las condiciones de una aplicación, hacer una compra o, simplemente, pescar el clic. Es una herramienta que lleva a los usuarios a realizar acciones que en realidad no desean, pero que hacen sin darse cuenta. El término

---

111. Barry Schwartz, *The Paradox of Choice*. Nueva York: Harper Perennial, 2005.

dark patterns fue inventado en 2010 por el doctor en ciencias cognitivas Harry Brignull, que utilizaba, además de la metáfora de la rata encerrada, la idea de la rata en el laberinto. Según Brignull, las interfaces son de muy fácil acceso, pero de difícil salida (basta con pensar en lo difícil que resulta cancelar una cuenta en Amazon, casi tan difícil como salir de una tienda de Ikea). Muchos de estos patrones visuales que se utilizan en las interfaces tienen una correlación con el diseño de los espacios de juego dirigido que genera una alta adicción. La antropóloga Natasha Dow Schüll ya nos alertaba, en su estudio sobre las máquinas de apuestas de Las Vegas,[112] de que uno de los mecanismos psicológicos más poderos de la adicción es la recompensa aleatoria y variable. La periodista Judith Duportail, en su libro *L'amour sous algorithme* [El amor bajo el algoritmo] (2019), explica que la aplicación Tinder utiliza los colores y los códigos propios de los videojuegos para provocar pequeñas descargas de serotonina en el cerebro con cada *match*, incitándonos a volver a la aplicación una y otra vez. Según Dow Schüll, hay un momento, en las máquinas sacacuartos, en el que tenemos que recibir una recompensa, de lo contrario dejaríamos de jugar. Lo mismo ocurre con las aplicaciones sociales. Cuando Geert Lovink escribió *Tristes por diseño* (2019), puso el énfasis precisamente en la correlación entre la euforia y la disforia que se da en los entornos conectivos por una simple cuestión de diseño.

■

112. Natasha Dow Schüll, *Addiction by Design*. Princeton: Princeton University Press, 2014.

Las plataformas saben con mucha precisión cuáles son las preferencias de los consumidores. Las plataformas de vídeo a la carta, como Netflix, están al corriente de cuáles son los personajes que interesan más, las líneas argumentales, los tipos de giros narrativos, los temas, los valores, los visionados asociados, etc. A partir de ahí se trabaja con fórmulas narrativas que se convierten en consignas para los productores de contenidos. Esto hace que aquello que era abundante se vuelva un monocultivo, un espacio narrativo cada vez menos diverso. Para las empresas, la abundancia no solo es una actualización de las promesas arcádicas, sino también una manera de desorientar a los usuarios para que acaben aceptando la mejor elección *(best choice)* de la plataforma, delegando nuestra decisión al sistema de recomendaciones algorítmicas de las aplicaciones o al *normcore* del criterio de la masa. En estos entornos, el otro queda integrado en lo estadístico como un patrón de consumo. El otro es un indicador más en una lucha pacífica de gustos. Estas empresas personalizan y masifican al mismo tiempo y eliminan todo lo que hay entre el individuo y la masa. No imponen, sugieren, y sugerir forma parte de una arquitectura de la persuasión mucho más eficaz porque el usuario tiene la impresión de decidir él mismo, de ejercer su libertad. Se trata de controlar sin autoridad.

La manipulación algorítmica utiliza formas sutiles que los ingleses denominan *nudging*,[113] y también *hypernudging*,[114] una

---

113. Cass R. Sunstein y Richard H. Thaler, *Nudge: Improving Decisions About Health, Wealth and Happiness.* New Haven, CT: Yale University Press, 2008.

114. Karen Yeung, «"Hypernudging": Big Data as a mode of regulation by design», *TLI Think Paper*, 2016.

manera de empujar al usuario hacia donde quiere la aplicación sin que este se dé cuenta. Los profesores Sunstein y Thaler introducen la figura del «arquitecto de la elección» (*choice architect*),[115] es decir, la persona responsable de organizar el contexto en el que la gente toma decisiones. El profesor de sistemas complejos David Kracauer compara la relación de los usuarios con los algoritmos de recomendación con el pasaje de la tierra de los comedores de loto de la Odisea, en el que una planta seductora hace que la tripulación de Odiseo olvide que tiene que volver a casa y todas las desventuras que ha sufrido, y supla la conciencia y la memoria con el goce inmediato. El *nudging* usa técnicas de la ciencia del comportamiento para construir arquitecturas que llevan a la gente a tomar decisiones o a realizar acciones concretas. A menudo, esta arquitectura opera sobre los prejuicios subconscientes o precognitivos.

Este sistema es cada vez más sofisticado: por ejemplo, Tinder adquirió Rekognition, una inteligencia artificial creada por Amazon para categorizar las fotos y que las personas acaben enlazadas por elementos comunes, más allá de las preferencias explícitas ubicadas en los perfiles o más allá de que uno sea un perfil de éxito social o de oro (*gold*). En este entorno aparentemente abundante, la categoría Premium de muchas aplicaciones, como señala Crispin Thurlow, profesor de lenguaje y comunicación, es una forma de violencia simbólica, un «significante flotante» dentro de lo que él denomina «economía premiun» (*Premium Economy*), que prioriza la escalada social, la funcionalidad extra y el aumento de opciones. Cuanto más se

115. Cass R. Sunstein y Richard H. Thaler, op. cit.

instauran unas democracias preocupadas por la integración o inclusión social, más triunfa la economía premium y su lógica aspiracional.

¿Qué tipos de subjetividad dibuja esta matematización del sujeto? Léopold Szondi fue un psicopatólogo húngaro que ya en 1938 hablaba de genotropismo para referirse a aquella atracción mutua que siente la gente vinculada genéticamente entre sí. Así pues, podríamos decir que, en la internet social, el usuario siente una atracción por aquellas personas con las que comparte la misma información y los mismos gustos en lo que podríamos llamar un «genotropismo digital». Según un estudio realizado en la Universidad de Stanford, a cargo de Mark Kosinski,[116] con solo sesenta y ocho «me gusta» se puede deducir la orientación política, sexual, el estatus social, la estructura familiar y el origen de la persona. Esto significa que las plataformas analizan, digieren y predicen de una manera extremadamente eficaz. De hecho, Kosinski, en 2014, escribió un artículo académico titulado, precisamente, «Computer-based personality judgements are more accurate than those made by humans» [Los juicios sobre la personalidad con base computacional son más precisos que los realizados por humanos]. Así, el algoritmo facilita esta atracción poniendo delante una supuesta alma gemela, una media naranja matemáticamente compatible y asignable.

---

116. Mark Kosinski, David Stillwell y Thore Graepel, «Private traits and attributes are predictable from digital record of human behaviour», *PNAS*, abril de 2013, Cambridge University y Microsoft Research.

El consumo se transforma en una manera de vivir en la que el individuo es identificado a partir de sus gustos, más que a través de sus relaciones sociales, sus ideas o sus creencias. El algoritmo crea nuevos gregarismos. Se trata de aplicar al usuario digital los criterios de industrialización que describió Daniel Bell, referenciados por Herbert Marcuse en *El hombre unidimensional* (1954). Bell dice que la industrialización no surgió con la introducción de las fábricas, sino con la medición del trabajo: cuando una tarea puede ser medida, se puede ligar el hombre a su trabajo, ejercer presión sobre él y medir su rendimiento en términos de una sola pieza. Hoy en día esta sola pieza está compuesta de millones de piezas y ya no hay ningún trabajador que salga de la fábrica porque todo se ha convertido en una gran fábrica del comportamiento. Al control de los cuerpos a través del control del tiempo productivo y la organización técnica del tiempo biológico, se le ha denominado «crononormatividad».

Shoshana Zuboff ya alertó de que la computación no solo permitía automatizar tareas (como ya hizo Ford con el sistema de producción en cadena), sino que en cada proceso de automatización se generaba información y dicha información se utilizaba para predecir los comportamientos de los usuarios y llamarles la atención en uno u otro sentido. El resultado es un producto predictivo –que ella llama *behavioural data*–, unos modelos de comportamiento. Lo que se comercializa es el futuro, todo lo que acumula el usuario-operario en estas fábricas del comportamiento es todo lo que perderá. Entre 2013 y 2015, unos años antes de *La era del capitalismo de vigilancia*, Zuboff había publicado algunos artículos sobre el «capitalismo de la vigilancia» o lo que ella misma llama el *Big Other* [gran otro] informático. Según Zuboff, esta nueva y diferente versión del Gran Hermano orwelliano está constituida por mecanismos de extracción, mercantilización y control poco evidentes e inesperados que exilian a las personas de su propio comportamiento mientras producen su modificación y nuevos mercados de predicción. De esta manera, el capitalismo de vigilancia establece una nueva forma de poder en la que el contrato y el Estado de derecho son sustituidos por las recompensas y los castigos de un nuevo tipo de mano invisible. Uno de los elementos interesantes de los artículos de Zuboff es que recupera el pensamiento de Karl Polanyi, que observó que las economías de mercado de los siglos XIX y XX y el nacimiento del capitalismo industrial dependían de tres inventos mentales que él denominaba «ficciones»: la primera es que la vida humana puede subordinarse a la dinámica del mercado y renacer como mano de obra; la segunda, que la naturaleza puede subordinarse y renacer como bienes inmuebles, y la tercera, que este intercambio puede restablecerse en forma de dinero. Según Zuboff, con la nueva lógica de acumulación que es el capitalismo de vigilancia, aparece una cuarta ficción: la realidad se subyuga a la mercantilización y a la monetización y renace como «comportamiento».

A la aplicación social podemos decirle lo que queremos que aparezca en nuestra cronología, pero el resultado siempre se escapa de nuestras instrucciones. Delegamos nuestra elección por diferentes motivos: por esa desorientación de la que hablábamos y que tiene que ver con el exceso de información; porque las plataformas están diseñadas para que encontremos los productos más vistos y se hace muy difícil no caer en la tentación de mirar aquello que congrega la atención masiva, y, también, porque el capitalismo convierte a los individuos en sujetos de rendimiento 24/7, y esto genera una gran pobreza temporal. Esto significa que no disponemos del tiempo para analizar y elegir bien, y cada vez tenemos más asistentes virtuales para hacernos la tarea y ganar un tiempo que después perdemos de nuevo. El CEO de Netflix afirmaba que el enemigo principal de Netflix no eran las otras plataformas, sino «el sueño de los espectadores», lo que demuestra aquello que Jonathan Crary ya decía en 2013 cuando hablaba, en *24/7: El capitalismo al asalto del sueño*, del hecho de que el capitalismo tardío coloniza el territorio del sueño, la franja temporal en la que todos estamos necesariamente improductivos.

El capitalismo de plataforma también tiene límites ecológicos y materiales. Pasada la pandemia, han aumentado considerablemente las noticias que alertan del impacto ecológico de internet. La entrada al por mayor de la IA a partir de 2022 y la enorme demanda energética que requiere para desarrollarse y aplicarse han desvelado la necesidad de hacer una interpretación ecológica y material de la tecnología digital y de sus infraestructuras. Aquel año hubo más tráfico en internet que entre los años 2016 y 2021. El escenario es tan grave que ya se está hablando de «sobriedad digital» (*digital sobriety*) para frenar el dispendio energético. En un informe de 2017, Greenpeace hacía una relación de las aplicaciones más contaminantes: YouTube, Google, Twitter, Amazon, Netflix, Zara, Facebook... Hoy en día tendríamos que añadir corporaciones enteras como OpenAI. Kris de Decker, creador y periodista de *Low-tech Magazine*, apuesta por una internet ligera e intermitente, pero el sistema de *cookies*, notificaciones, las imágenes de alta definición, el vídeo en línea, los lenguajes como el Javascript, la arquitectura basada en el *machine learning* o el *deep learning* y las IA de autoaprendizaje hacen muy poco factible salir de estas infraestructuras pesadas y contaminantes.

Finalmente, deberíamos considerar la asimetría económica entre las empresas extractoras de datos y los sujetos expoliados. Dicha asimetría es enorme, hasta el punto de que en 2020 la ONU sacó a la luz un informe titulado «Propiedades económicas de los datos y tendencias monopolísticas de la economía de los datos: políticas para limitar una posibilidad orwelliana». Si las plataformas sociales fueran una microsociedad, la diferencia entre los más ricos y los más pobres, entre quien es reconocido y quien reconoce, entre quien detenta el poder y quien lo pierde, causaría terror.

6

NEUROCULTURA:

MÁS ALLÁ DEL CEREBRO COMO FÁBRICA

LA NEUROCULTURA GLOBAL Y LA SERVIDUMBRE VOLUNTARIA

> La sociedad construye su propio delirio al registrar el proceso de producción.
>
> GILLES DELEUZE, *El Anti Edipo*

Michel Foucault decía que la modernidad del siglo XIX es inseparable de la forma en la que los mecanismos de poder coinciden con nuevas formas de subjetividad, una cierta política del cuerpo que indica cómo hacer útiles las nuevas multiplicidades de individuos. Si el siglo XX fue un siglo de grandes experimentos conductistas en la sociedad de la disciplina, el conductismo del siglo XXI se ha sofisticado a través de una cultura algorítmica que, a la larga, nos deprime. La prioridad en la ostentación del poder político y económico de los siglos XIX y XX fue el estudio y la práctica del control sobre el cuerpo individual y de la masa; el interés político y económico del siglo XXI pasa por el estudio y control, en términos de energía y de somatización de la información, del cerebro y del sistema nervioso. Cuando Jonathan Crary distingue el efecto que produjo la aparición del estereoscopio,[117]

117. Jonathan Crary, *Las técnicas del observador*, op. cit.

a mediados del siglo XX, respecto al lugar que había ocupado la cámara oscura desde el siglo XVI, lo hace teniendo en cuenta la manera en la que el nuevo artefacto hace desaparecer el cuerpo del espectador y focaliza toda su atención en el vínculo entre la visión y el cerebro. La tecnología de control actual incide directamente en el sistema nervioso central y, en concreto, en el cerebro, por esto se habla de «capitalismo psíquico» o «neurocapitalismo», una vertiente del capitalismo que saca partido de los estados de ánimo de la gente y de sus conexiones nerviosas

Tanto es así que podríamos hablar de una «neurocultura global», una nueva manera de entender la cultura a partir de las interacciones que se dan entre los ecosistemas (sean físicos o digitales) y el cerebro. Deleuze, como hemos visto, lo denominaba la «modulación universal». Marshall McLuhan ya lo había anticipado, en los años sesenta, cuando creía que el circuito eléctrico era una prolongación del sistema nervioso central y cuando decía que todos los medios son tan penetrantes y apuntan tanto a nuestro sistema nervioso que no dejan parte alguna de nuestra persona intacta, inalterada, sin modificar; y que si tiene que darse un cambio social y cultural siempre será a partir de conocer la manera de funcionar de los medios.

La neurocultura global es una cultura basada en el intercambio semiótico y físico para conseguir una transformación de los hábitos, pero también de los procesos cognitivos y hormonales que puedan mantener el cerebro activo, feliz y adicto a pesar de que las circunstancias sociales sean adversas. El objetivo es desactivar la resistencia ante la desigualdad, el oprobio y las injusticias económicas y políticas. Esta es la función de las plataformas sociales, del entretenimiento masivo, de la formación perenne, del *casting* ininterrumpido o del *body building*.

La felicidad es un indicador hormonal, las aspiraciones son cuantificables y perfilan un sujeto emancipado de su contexto. El falso debate que confronta el mundo digital con el mundo físico como un espacio en disputa solo es un maquillaje para no hablar de la batalla neurocultural que está en juego.

La vigilancia del capitalismo digital es panóptica, como la que se ejerce en una prisión sin barrotes, pero donde todo está bajo control. La soledad del ermitaño hiperconectado a las interfaces no es la misma que la de un preso. El preso no ha elegido la soledad. Una vez entre rejas, tiene que mirar el mundo a distancia como quien lanza mensajes al vacío, encontrar como único interlocutor la espera y como horizonte a sí mismo y a los compañeros de celda. Por ello, las paredes que rodean al preso le quitan la libertad, pero no las razones. El preso tiene la experiencia de la soledad radical y a través de ella entiende lo que Angela Davis denominaba la obsolescencia de las prisiones. El aislamiento del preso pone de manifiesto la urgencia de ser un cuerpo libre y de poder compartirlo con los demás. El prisionero convoca al otro que se hace presente como ausencia. El cautivo del edén digital, en cambio, no es consciente de su situación carcelaria, de la dependencia de un sistema artificial para el cual el abandono de uno mismo en nombre de los otros es condición necesaria para que las relaciones sociales puedan llevarse a cabo. La soledad digital se vive como una forma de alienación, en medio del ruido, del exceso. Es el silencio que sigue a la sobrecarga, una sobredosis de realidad semiótica alimentada por un tsunami emocional y después: nada, silencio, *posts* promocionados. Una propaganda que, según el momento en el que llegue, convocará el silencio glacial de la jaula de acero o quizá el consuelo del consumo de un producto que, en breve, se añadirá al déficit de atención y a la decepción continua que provocan estos espacios y en los cuales, de vez en cuando, brilla alguna cosa. En estos lugares, el otro es una ausencia por exceso de presencias, por repetición de uno mismo y de los demás como uno mismo. El otro puede ser, también, una obra de arte aislada en sí misma, inaccesible, un narciso cansado. El sentimiento de irrelevancia del prisionero digital es directamente proporcional al sentimiento de impotencia del prisionero físico. Y a pesar de todo, el preso tiene en sus manos algo único que lo digital ha perdido: el tiempo.

Todo esto nos lleva a retroceder y a incluir una reflexión sobre el libro de Étienne de La Boétie *Discurso de la servidumbre voluntaria* (1576). La Boétie se pregunta por la figura del tirano y señala que la fuerza que tiene se la da el pueblo. «¿Cómo puede venir tanto dolor de una sola persona?», se pregunta el autor. La Boétie comenta que, para que el poder sea efectivo, necesita el servilismo de los demás, que se acostumbren y que la falta de libertad esté compensada con un sistema de ocio adecuado; que con la pérdida de la libertad también se pierda el valor: «las gentes sometidas no sienten ni alegría ni arrebato en el combate», como los autómatas. Finalmente, dice que los únicos que defienden a los tiranos son unos pocos y que el resto, simplemente, responde a una cadena de órdenes establecidas –lo que hoy en día llamaríamos «protocolos tecnosociales»–. Los tiranos contemporáneos se arman de bots para simular ejércitos inexistentes, comparten noticias falsas como instrumento de propaganda, infantilizan la retórica pública y menosprecian el dolor ajeno y la miseria como si esta fuera una opción vital que uno ha escogido voluntariamente. E, incluso así, son engalanados y entronizados, se aprueba su tiranía.

¿Qué significa este mmmmurmullo?

MARSHALL MCLUHAN

La energía deseosa se ha trasladado del todo al
juego competitivo de la economía.

FRANCO *BIFO* BERARDI

El capitalismo de raíz protestante contempla un sistema de
recompensas materiales y psicoafectivas basadas en la «gratificación diferida». El calvinismo del siglo XVII proclama que las
buenas obras determinan el destino de cada cual, de tal manera
que la salvación puede encontrarse en la tierra a través de la
frugalidad, la templanza y la gestión adecuada de los bienes;
una especie de prudencia contra el goce inmediato. Según Max
Weber, en *La ética protestante y el espíritu del capitalismo*, las
personas, a través de las burocracias, se imponen la gratificación diferida, y aprenden a pensar en hacer las cosas por una
recompensa futura, como una forma de disciplina. Si la gratificación no llega, se genera un sentimiento de insatisfacción que
impide al individuo vivir el presente. El indicador de satisfacción, en el contexto de Weber, eran las ganancias que podían
conseguirse a lo largo de toda una vida, pero cuando se habla de
procesos de gratificación en el mundo digital conectado, las
franjas se acortan con ciclos muy breves y constantes y se busca
la gratificación inmediata.

Una de las herramientas de persuasión principales para gestionar la gratificación diferida es el «me gusta» (*like*), que se
introdujo en Facebook en 2009, pero que empezó a funcionar

como principio organizador algorítmico de las *timelines* a partir de 2011. Al cabo de poco tiempo, el entonces Twitter (ahora X) e Instagram ordenaron las cronologías de sus usuarios a partir de contenidos comisariados algorítmicamente según parámetros de popularidad y relevancia. Este principio de reputación estaba hecho a partir del grado de autoridad que establecía el Page-Rank, un algoritmo que utiliza Google para posicionar los resultados de las búsquedas.[118] Estas prácticas empezaron a finales de los noventa con la aplicación de la sociometría o los gráficos sociales a internet, y constituye el origen de lo que hoy en día algunos estudiosos denominan «imaginarios algorítmicos». Se trata de entender el imaginario que fomentan los algoritmos a partir de lo que son, cómo funcionan y de lo que podrían llegar a ser.

La gratificación es la base de la comunicación en las plataformas sociales o lo que técnicamente se llama «bucle de retroalimentación de la validación social» (*social validation feedbackloop*). La gratificación en forma de los «me gusta», comentarios o redifusión de la información es una herramienta de validación individual y social, de reconocimiento público. Nuestro cerebro responde positiva o negativamente al infoestímulo porque no solo quiere respuestas, sino también reacciones y reconocimiento. Es un reto, un «Yes, we can», un grito de ánimo en la carrera pública del yo. Su creador, Justin Rosenstein, lo compara con la heroína porque es capaz de generar dopamina, la hormona del placer, en nuestros cerebros, y de ahí viene su carácter adictivo. Por ello en 2016 se sofisticó, y los usuarios pudieron escoger entre diversas emociones a golpe de clic: el agrado, el

118. John M. Kleinberg, «Authoritative sources in a hyperlinked environment», *Journal of the ACM*, vol. 46, núm. 5, 1999.

amor, la risa, la sorpresa, la tristeza y la indignación. En 2017, esta gama se extendió a la valorización de los comentarios. Estos seis estados emocionales de Facebook recuerdan los que describía René Descartes en el *Tratado de las pasiones del alma* (1649): la admiración, el amor, el odio, el deseo, la alegría y la tristeza. Las únicas pasiones que no se corresponden son la del deseo y la del odio, que en Facebook serían la sorpresa y la indignación, es decir, una versión rebajada de las pasiones originales que planteó Descartes. Los emoticonos son una herramienta sencilla para gestionar las reacciones; son inmediatas, emocionales y universalmente comprensibles, favorecen el carácter global de la neurocultura.

Los usuarios de las plataformas se posicionan a favor o en contra de muchas de las informaciones que aparecen en las *timelines*, como en una competición deportiva, una carrera electoral o un concurso de sobremesa. Es muy difícil no caer en la tentación de emitir un comentario como si la noticia estuviera ahí esperando nuestra opinión, como si realmente fuera importante. Los usuarios emiten juicios, difunden opiniones y se invisten de un falaz poder soberano. En 2018 se habló de la implementación de un nuevo emoticono en Facebook, el «no me gusta» (*Don't like*), el pulgar abajo, pero pronto se echaron atrás para evitar linchamientos y un exceso de emociones negativas. La intoxicación informativa de muchos de estos espacios y la polarización de los discursos provoca que se creen situaciones de violencia inesperada que hacen vulnerable al usuario. A pesar de que no se dispongan de pulgares abajo, los linchamientos son una práctica recurrente en las plataformas sociales. La verdad, por lo tanto, ya no tiene que ver con los hechos o con el discurso, sino con la reactividad de los demás.

Como en todo contrato social, hay una contrapartida y, en este sistema de organización métrica de las emociones, se instaura un chantaje, porque los «me gusta» y los comentarios dan visibilidad a la información y, por lo tanto, si se reciben se acaban dando para que la máquina de gratificación y validación social no se detenga. En 2024, la plataforma X cambió el algoritmo para que el usuario no pudiera ver las personas que han puesto un «me gusta» a los *posts* de los demás. Quizá sea una manera de evitar el chantaje social, pero también es una manera de responder de forma más irreflexiva, más kamikaze, ya que nuestro nombre como persona que apoya una información se mantiene anónimo.

Por muchos estudios que aparezcan sobre las consecuencias negativas de la métrica o de la cuantificación de las relaciones,[119] nunca darán marcha atrás, porque esto supondría no solo perder el modelo de negocio, sino también aquello que hace que los usuarios sigan atrapados.

NEUROLIBERALISMO

I am too much with myself,
I wanna be someone else.
THE LEMONHEADS, «My Drug Buddy»

Hay un sector de la inteligencia artificial que quiere, como dijo Bernard Stiegler, «proletarizar la mente humana y extraer valor

---

119. En un experimento de 2014, cinco neurocientíficos llegaron a la conclusión de que Facebook activa la misma parte impulsiva del cerebro que el juego (ludopatía) y que el abuso de sustancias.

del sistema nervioso», incluido el cerebro. Laurent de Sutter lo denomina «narcocapitalismo», un capitalismo en una sociedad supuestamente libre que es completamente narcótico y cuyo efecto está vinculado a la depresión que, no obstante, provoca. No es casual que la década de los noventa combinara la hiperproductividad económica de la nueva economía (*new economy*), el auge de las anfetaminas y de los antidepresivos,[120] y la música que ponía en relación los estupefacientes y la depresión como vemos en las canciones «Sleeping Pills», de Suede, «My Drug Buddy», de los Lemonheads, «Cure for Pain», de Morphine, «The Drugs don't Work», de The Verve, o «Born Slippy», de Underworld, sobre la vida nocturna en el Soho y el alcoholismo. «Cientos de miles de operadores, directivos y gerentes de la economía occidental han adoptado innumerables decisiones en estado de euforia química e ingravidez psicofarmacológica», dice Franco *Bifo* Berardi.[121] Hoy en día, el *scroll* neuroliberal, los antidepresivos y los ansiolíticos (benzodiacepinas) colaboran como estabilizadores del sistema económico y cultural. El nihilismo adolescente actual puede ponerse en diálogo con el de los noventa o con el existencialismo de los cuarenta o el *spleen* de finales del siglo XIX. El capitalismo ha tenido siempre efectos de euforia y disforia sobre el ánimo popular, sobre todo en etapas vitales o en cuerpos más sensibles; las palabras cambian, los diagnósticos se sofistican, pero las causas de dichos efectos son las mismas.

---

120. El Prozac se introduce en el mercado, fuera de los círculos de los psiquiatras especializados, en 1988.
121. Franco *Bifo* Berardi, *La fábrica de la infelicidad*, op. cit.

Mark Whitehead habla de «neuroliberalismo»,[122] de la capacidad creciente de los Estados, las corporaciones y las organizaciones no gubernamentales y sus «psicópatas» para mandar mediante aquello «más que racional» de la acción humana: hábitos, emociones, afectos, contextos sociales y ambientales... El autor trabaja la estrecha relación que ha alcanzado la psicología cognitiva con la economía. Whitehead ofrece ejemplos positivos y negativos del diálogo entre estos dos ámbitos que se puede utilizar, por ejemplo, para prever una crisis sanitaria o para incidir en la brecha entre clases sociales. Según Whitehead, el neoliberalismo se basaba en una comprensión cruda y limitada de la condición humana, mientras que el neuroliberalismo se basa en una comprensión más realista y precisa de la motivación y la fragilidad humana; el peligro que ve en ello es, precisamente, el uso que pueden hacer los sistemas de aprendizaje algorítmico.

En *Realismo capitalista*, Mark Fisher recuerda que Norbert Wiener, pionero de la cibernética de los años cuarenta, ya enseñaba que la comunicación y el control se implican mutuamente, y hacen que la vida y el trabajo se vuelvan inseparables. Fisher sentencia: «El capital te sigue mientras duermes». Algunas aplicaciones para monitorizar el sueño confirman el temor de Fisher. Se trata de aplicaciones como Fitbit, Dreem o Neuralink (que presentó el empresario Elon Musk en agosto de 2020). Neuralink se comercializa como una herramienta terapéutica,

---

122. Mark Whitehead, «Neuroliberalism in the Digital Age: the emerging geographies of the behavioural State», en S. Moisio, N. Koch, A. E. G. Jonas, C. Lizotte y J. Luukkonen (eds.), *Handbook of the Changing Geographies of the State: New Spaces of Geopolitics* (2020); Mark Whitehead, «Neuroliberalism: welcome to government in the 21st century», *Open Democracy*, 15 de marzo de 2020.

una especie de robot quirúrgico: es un chip intracraneal que quiere resolver problemas del cerebro y de la médula a través de un implante para curar la depresión, la ansiedad, la pérdida de memoria, de oído, de vista o el dolor extremo. Esto podría parecer encomiable si no fuera porque reduce todo lo que pasa por el cerebro a señales eléctricas, como si esos desórdenes fueran estrictamente eléctricos y no contextuales. Es inevitable no pensar en las prácticas de los electrochoques y las lobotomías, introducidas por los doctores Egas Moniz (Premio Nobel) y Almeida Lima en 1935, con la idea de tratar las depresiones, la ansiedad y los trastornos obsesivos compulsivos.

Mark Fisher decía que considerar la enfermedad mental un problema químico-biológico de orden individual tiene enormes beneficios para el capitalismo. En primer lugar, refuerza el impulso capitalista hacia la individualización («estás enfermo a causa de la química de tu cerebro») y, en segundo lugar, abre un gran mercado lucrativo para los productos de las grandes empresas farmacéuticas. Musk quiere intervenir en los imperios de las farmacéuticas, con la idea de imponer su producto. La depresión es un asunto con raíces profundas en el ámbito social y cultural: las personas se deprimen no solo porque les falta serotonina en el cerebro, sino porque las condiciones de vida de la mayoría de la gente son penosas o excesivamente competitivas.

En la presentación del dispositivo Neuralink, Musk y sus científicos iban más allá: el chip también serviría para la telepatía, para participar en juegos en línea o para activar el coche Tesla. Musk y compañía han crecido en el imaginario de los *X-Men*, *Terminator, Iron Man, Batman…* Quieren sentirse únicos, especiales, superpoderosos, convertirse en expertos en kung-fu (como Neo en *The Matrix*) gracias a un *software* intracraneal, y hacer de su poder único y omnipotente una señal de distinción patriarcal en su versión tecnológica.

Neuralink aparece como el ingenio que querría que el ser humano o, mejor dicho, unos pocos seres humanos escogidos vivan en un mundo indoloro en manos de una tecnología tan penetrante que es capaz de reconfigurar la percepción y la memoria. Pero ¿no se trataba de que dejáramos de estar deprimidos? ¿Y cómo podemos hacerlo si las plataformas sociales son un espacio narcocapitalista de modulación de los estados de ánimo? ¿O quizá de lo que se trata es de poder intervenir sobre el dolor moral y el pánico social que implican la mayoría de estos desórdenes? Si elimináramos el dolor de la existencia humana se correría el riesgo de perder la brújula social, el sentido de la protesta, la dimensión ética del hombre, aquello que permite detectar los errores y calibrar la justicia de los hechos. Obviamente, nadie quiere sufrir dolor, pero ¿se puede intervenir sobre el dolor físico dejando intacto el dolor moral? Erradicado el dolor, nos encontramos a solas con el «insomne unidimensional». Si anulamos el mal, lo que queda es lo que Félix Guattari anunciaba como «servidumbre maquinal», que tiene que ver con la extracción de valor del sistema nervioso humano a través de un operario-máquina endeudado y conectado a la red que, como dicen Déborah Danowski y Eduardo Viveiros de Castro, «vive zombificado por la administración continua de drogas químicas y semióticas, [...] un antisujeto heroico que goza con su propia explotación». Un «deudor-adicto», como lo llamaba Fisher, un sujeto que, además, delega en las máquinas su capacidad de recolección, clasificación y comprensión de datos, de producción de significados y de construcción de un marco social de confianza compartida.

Mark Fisher lo sintetizaba con la figura del «autómata cognitivo», refiriéndose al hecho de que no porque se utilice la lengua o la comunicación, porque haya intercambio lingüístico, en la mayoría de los trabajos del siglo XXI, no quiere decir que se esté haciendo un trabajo cognitivo. Ponía el ejemplo de los *call centers*, los centros desde los que se venden productos o servicios por teléfono. Los trabajadores operan en un espacio de distribución de información, como si la fábrica se hubiera instalado en sus propios cerebros y las palabras o imágenes fueran las mercaderías que hay que repartir. Si pensamos en términos industriales, habría que preguntarse cómo han cambiado las relaciones entre la fábrica y el trabajador. Según Franco *Bifo* Berardi, el operario de la fábrica clásica se sentía expropiado de su intelectualidad y creatividad, mientras que el operario de la fábrica digital solo tiene la intelectualidad y la creatividad, pero transformadas en información y desprovistas de valor y capacidad de acción. El operario clásico tenía una relación intelectual y política con la fábrica como estructura económica y social, pero el operario del *call center* ignora la fábrica que lo contiene o lo observa de lejos, y deja a un lado la relación cognitiva y política con el ecosistema desde el que opera. Esto es lo que Fisher denomina «hedonismo nihilista: la narcosis blanda, la inconsciencia confortable de la PlayStation, las noches de televisión y marihuana», el paso del «intento no pensar en ello» al «he dejado de pensar en ello y no me importa». Evidentemente, este «no me importa» es ambiguo: se puede referir tanto a la indiferencia como a la impotencia y al agotamiento total.

La manera en que opera la fábrica digital tiene como consecuencia el agotamiento físico y el aumento de la vulnerabilidad psíquica de las personas. Jonathan Crary pone en relación los estudios de fisiología y neurología del siglo XIX con la aparición de los nuevos modelos industriales. En aquella época, los patrones consideraban que la falta de atención de los obreros podía suponer graves problemas para el rendimiento de las fábricas. Aquellos nuevos espacios de producción económica ocuparon las ciudades, pero también las metáforas. Johannes Müller, en *Handbuch der Physiologie des Menschen* [Manual de fisiología humana] (1833), presentaba el cuerpo como una especie de empresa fabril múltiple, constituida por procesos diversos y dirigida por diferentes cantidades de energía y trabajo medibles. El trabajo, por lo tanto, era inseparable de la energía que producía y consumía. De hecho, en los años cuarenta del siglo pasado, Lewis Mumford ya advertía que había una demanda cada más creciente de energía en el ejercicio de conquistar y domar la naturaleza, incluidas las personas humanas.

El cuerpo deprimido es un cuerpo falto de energía, mientras que el cuerpo dominado por la ansiedad o con trastornos obsesivos compulsivos es un cuerpo con altas dosis de energía, pero con una gestión descompensada. El ser cuantificado (*quantified self*) a través de tecnología implantada en el cuerpo (*weareable technology*) es una continuación de esta metáfora de orden práctico que vincula cuerpo y trabajo. En 2020, en el *Wall Street Journal*, salió la noticia de que algunas escuelas chinas ya están aplicando la IA para analizar el grado de atención del alumnado con cámaras inteligentes y con rastreadores de actividad cerebral. El artefacto tiene forma de diadema. De hecho, el Neuralink también podría utilizarse para fines parecidos. George Orwell, en *1984*, hablaba de «crimental», crímenes vinculados a la libertad de pensamiento que detectaba la «policía del pensamiento». Pero ¿quién vigila al vigilante? ¿Son estos tipos de dispositivos un modelo de «panóptico cerebral» para conseguir fidelidad y eficiencia ideológica y económica? Todas las nuevas modalidades de gestión del ser a través de la tecnología implantada en el cuerpo, o de lo que algunos llaman *body-media*, forman parte de esto. La nanotecnología puede ser puesta al servicio de soldados que tienen que ir al frente o al servicio del ocio, de la «economía molecular del deseo» (Guattari). Sea como sea, esta tecnología tendrá que ir siempre acompañada del rumor químico, del componente «neuro», para que la experiencia llegue a los umbrales hormonales previstos. No es de extrañar que haya investigadores[123] que apliquen la idea de «objeto patológico» a la tecnología implantada en el cuerpo, ya sea por las actitudes obsesivas vinculadas a la métrica, como por las actitudes dependientes vinculadas a la química. La relación que tenemos con los medios digitales y sus efectos psicosomáticos cambiará, como lo harán sus mitos y metáforas, los artefactos y los protocolos que los hacen funcionar. La dirección que tomen transformará el contrato social, de tal manera que tendrá que ser fruto de una negociación colectiva de largo alcance. Tenemos que seguir en el juego, ser soberanos de nuestra atención y de nuestro deseo, interrumpir la fascinación y la severidad del laberinto, acelerar sus ruinas.

---

123. Alicia de Manuel, «Objeto patológico/objeto panóptico. Diseño para la transparencia y la optimización en dispositivos ponibles», *Artnodes: revista de ciencia y tecnología*, núm. 24, 2019.

EPÍLOGO: ECOSISTEMAS, SOMATECA Y DESEO

> El protocolo es una teoría de la confluencia de
> la vida y la materia.
>
> ALEX GALLOWAY, *Protocol*

Uno de los objetivos del libro ha sido hablar de la tecnología de forma transversal en el tiempo, como genealogía, y de forma transversal en el espacio, como ecosistema; también en algunos casos como diseño y estructura que imponen los protocolos. Se han descrito y se han mostrado algunos de los efectos psicosociales que generan y se ha observado también la tecnología desde una perspectiva de arqueología mediática, para así desmitificar el tecnosolucionismo, la falaz idea de que la tecnología es un cetro soberano y el milagro que nos salvará a todos del colapso. Este ensayo va dirigido a los ciudadanos que trabajamos en la fábrica digital para tomar conciencia política y distancia psíquica y emocional. Una *actio in distans* que permita salir de la extrema inmanencia y de los automatismos que promueve la tecnología digital conectada. Este ensayo también aboga por elaborar un nuevo contrato social en el que se incluya un debate abierto sobre los protocolos y las servidumbres tecnológicas, y que tendría que funcionar como una constitución y su consecuente contrato social, siempre orientado al bien público.

¿Cómo tendríamos que vincular la tecnología digital con un juramento hipocrático y transformar su deseo y su sistema de valores? Si las plataformas sociales y las aplicaciones de IA y de ocio inmersivo tienen tanta incidencia social, ¿qué relación debe tener la gobernanza política con este ámbito tecnológico? En *The Off-Modern*, Svetlana Boym reflexionaba sobre la imagen impuesta del «cerebro global»,[124] reclamaba geografías excéntricas, solidaridades alternativas, la emergencia de un espacio público transcultural y unas políticas del arte y del disenso basadas en las pluralidades culturales e identitarias. También pedía nuevos medios alternativos basados en plataformas humanistas para el conocimiento y la experiencia que fueran más allá del *hyper* y del *cyber*, es decir, del fetichismo asociado a los entornos digitales vinculados a las nociones de abundancia, progreso y futuro. En lugar de oponer el «dentro» al «fuera» de la modernidad histórica, Boym jugaba con el *off*, una especie de contra-ritmo, de distancia, de lateralidad, de desvío respecto de la carretera de dirección única del fetichismo tecnológico. Un *off* que genera un nuevo *in*, entendido como compromiso. Para describir este *in* quizá la noción, un tanto redundante en sus términos, de «ecosistemas mutualistas» puede ser útil, entendida siempre desde la definición biológica y política,[125] con el precedente del pensador, geógrafo y naturalista Piotr Kropotkin y sus estudios sobre el mutualismo. El ecosistema dibuja una cartografía en la que la noción moderna de individuo es sustituida

124. Svetlana Boym, *The Off-Modern*, op. cit.
125. La biología entiende el mutualismo como aquellas interacciones biológicas entre organismos de especies diferentes en las que cada individuo obtiene un beneficio nuevo.

por un conjunto de cuerpos, materias, formas y fuerzas puestas en relación mutua, recíproca, incluso solidaria. De hecho, no hay ecosistema que no genere relaciones de vínculo y deuda a la vez –el *nexum*[126] romano– entre sus partes. De esta aproximación derivan los estudios sobre la relación entre el extractivismo mineral de las tierras raras y la fabricación de *hardware* electrónico, la pauperización de los derechos de los trabajadores del capitalismo de plataforma o la relación entre géneros y cuerpo en los entornos digitales y físicos, entre otros. Pero en lugar de validar un *nexum* que someta los pobres a los ricos según un criterio estrictamente financiero y siempre unidireccional, se tendría que velar por validar, política y jurídicamente, un *nexum* de orden biopolítico que comprometa a los expropiadores –deudores– en relación con la materia y los seres vivos expropiados. Se trata de ampliar la noción del sujeto de derecho.

El dualismo platónico plantea dos principios trascendentes, el de la materia y el del alma. Cuando en 1970 Jack Burnham decía que «nuestros cuerpos son el *hardware*, nuestro comportamiento el *software*», parece que estuviera anticipando el mundo de hoy en el que las grandes empresas son el *hardware* (las infraestructuras, la materia) que expropian el *software* (el comportamiento, el alma) humano. En lugar de validar este dualismo, o el dualismo irreconciliable que plantean filósofos como Éric Sadin

---

126. Véase Laurent de Sutter, *Magia. Una metafísica del vínculo social*. Barcelona: Herder, 2023. Según De Sutter, los romanos inventaron el *nexum* como un método de préstamo en el que quien se endeuda se compromete a devolver el crédito a través de la fórmula de *damnatio* (maldición), una especie de protocolo jurídico antiguo.

o Achille Mbembe (para el cual la digitalización ha acabado por unificarlo todo en una sola retícula, y se ha olvidado «del viejo mundo de los cuerpos y las distancias, de los materiales y las áreas, de los espacios fracturados y las fronteras»); o en lugar de validar la perspectiva universalista de la singularidad en la que cuerpo y alma, humano y máquina se convertirán en uno, como predican los gurús de Silicon Valley encabezados por Ray Kurzweil, sería interesante ver qué otras filosofías prácticas puede haber. ¿Es posible encontrar una alternativa al dualismo excluyente (físico versus digital) o a la unificación absoluta (totalitarismo digital)?

La noción de «ecosistemas mutualistas» se presenta necesariamente compleja y pone en diálogo tanto las infraestructuras tecnológicas como las materiales, tanto la perspectiva ecomaterialista como la psicocultural, tanto el conocimiento sensorial como el abstracto, tanto la memoria como el deseo, tanto el cuerpo como el alma, tanto el presente como el pasado, tanto la sostenibilidad como la diversidad, tanto aquello que es de naturaleza biológica como aquello maquinal. Los ecosistemas mutualistas serían una nueva forma de materialismo –un neomaterialismo– que también tiene en cuenta el universo digital, incluidas las infraestructuras. Los ecosistemas tienen estratos y son dinámicos, hacen que afloren las relaciones pasivas (conocimiento, atención, reconocimiento del deber y de las deudas, prospección) por encima de las relaciones productivas (crecimiento, progreso, futuro). Una teoría de los ecosistemas mutualistas tiene que entender que tanto los humanos como las máquinas se resisten al principio de entropía a través de la gestión de los procesos comunicacionales y del contrato social. La máquina integrada (ociosa y tecnoburocrática) parece querer acelerar esta creación de entropía, favorecer la desigualdad social y el colapso. ¿Sigue siendo un modelo válido o deberíamos renunciar a él por el futuro de la especie y del planeta? El reconocimiento de los ecosistemas mutualistas es un ejercicio para aterrar (volver a la Tierra) lo que el capitalismo ha desterritorializado y para adoptar el concepto de «planetariedad»[127] que han formulado filósofos como Achille Mbembe o Dipesh Chakrabarty, que considera el planeta Tierra como un huérfano político; ahora bien, sin excluir de él la trama de objetos y máquinas que nos rodean y acompañan, incluidas las ruinas.

■

Los protocolos tensan las relaciones entre las normas, las infraestructuras tecnológicas y los cuerpos pautan nuestra relación con los ecosistemas. Los nuevos materialismos vinculan la constitución física y química de la materia, pero también sus aspectos formales y las maneras de dialogar, vitalmente, con otras morfologías y otras especies. Mirar desde lógicas ecosistémicas es abrir la puerta a estos nuevos materialismos que nos permiten que humanos, animales, plantas, minerales, objetos, residuos... adquieran sentido desde el mutualismo en la estela de Jane Bennett y su «materia vibrante» o las «maneras de ser» interespecie de Lynn Margulis, Donna J. Haraway o James Bridle. Hay que cambiar las formas de control por dinámicas

127. Concepto que, según algunos exponentes de la filosofía político-ambientalista o de la filosofía del derecho ya está en cuestión, dado que el marco a partir del cual pensar y trabajar debería ser el cosmos, con el precedente de Isabel Stengers. De hecho, en el momento en el que figuras como Elon Musk o Jeff Bezos ponen sus infraestructuras y su capital al servicio de la conquista espacial, es necesario ampliar el marco de análisis.

de cooperación que nos hagan tomar decisiones que nos beneficien recíprocamente. Pasemos de la interfaz –aislante, virtual– a la superficie –conjuntiva, una combinación entre los cuerpos y las entidades físicas y digitales–. Se trata de ver qué morfologías la habitan, qué porción de deseo convoca, porque también se trata de pasar de la necesidad –vinculada al neuroestímulo– al deseo psicosomático –material y anímico–. ¿Qué lugar ocupamos en estas superficies vivas (*living surfaces*),[128] híbridas, en esta concatenación de anhelos, accidentes y morfologías? ¿Qué relaciones fomentan y qué margen de autonomía tenemos?

En *El ser y la nada*, Jean-Paul Sartre dice que el vínculo entre el sujeto y su cuerpo es de vergüenza ante la posibilidad de que los otros lo vean como un objeto. Si Sartre invoca la vergüenza de ser cosa, ¿qué tipo de vergüenza sentiremos al sabernos un conjunto de datos que alimenta el neurocapitalismo? El ecosistema imbrica los cuerpos físicos y los numéricos, los humanos y los no humanos, de tal manera que no es de extrañar que se hable de «materia virtual» o de «somateca»,[129] un concepto heredero de las teorías de Deleuze y Guattari de los setenta que subraya las ficciones asociadas al cuerpo; el cuerpo como un lugar de ficciones con un poder propio como resultado de la combinatoria de sustancias hormonales, electroquímicas y mediáticas. El *soma* de la antigua Grecia apelaba al cuerpo físico y sensorial, mientras que, hoy en día, lo somático rompe con el dualismo cuerpo-mente para establecer un circuito que los pone en una reciprocidad inevitable.

128. Abelardo Gil-Fournier y Jussi Parikka, *Living Surfaces: Images, Plants and Environments of Media*. Cambridge, MA: MIT, 2014.
129. Paul Preciado, *Dysphoria mundi*. Barcelona: Anagrama, 2022.

En *Chaosophy* (1995), Guattari habla de oponer la energía deseosa a la noción de eros o de erotismo, más vinculada con el cuerpo, la persona o la norma. Podríamos añadir también: más vinculada a las plataformas sociales, al contrato social o a los protocolos. Según Deleuze, el cuerpo es el lugar de las vergüenzas, de los órganos, los secretos y las secreciones, los tabús incestuosos, la mitificación, la sublimación, el poder fálico, mientras que el deseo está constituido, según él, antes de la cristalización del cuerpo y de los órganos, antes de la división de los sexos, antes de la separación entre el ser y el ámbito social. Para entender el deseo, Deleuze apela a los locos, a los niños y a los primitivos que pueden hacer el amor con humanos, plantas, máquinas, inventar celebraciones..., «que no son sexuales, sino transexuales». Deleuze se anticipa al mundo más que humano que plantean los estudios poshumanistas y al mutualismo neomaterialista, que aquí se propone y que se aleja de la autosuficiencia lacónica de Narciso y Orfeo, pero también del productivismo exaltado de Prometeo.

Cuando Berardi habla del deseo, se refiere indistintamente al deseo y al erotismo. Según él, los delirios tecnológicos vinculados a internet y a la IA de gurús de Silicon Valley, que creen en una mente global, dejan fuera el cuerpo erótico y el cuerpo planetario en lo que denominan «pensamiento frígido». Son figuras que encajan con el pensamiento tecnológico patriarcal; no se sabe si es frigidez o rigidez fálica, erecciones incapaces de resolverse desde el deseo y la *hylé* (materia), tal como vemos también en las películas de Christopher Nolan y su imaginario tecnopatriarcal, basado en la potencia formal y funcional de la tecnología.

Lo que es interesante es la idea de que el capitalismo neuroliberal deja fuera de órbita la idea de deseo y de planeta.

El capitalismo de plataforma ofrece placeres neuronales y corporales «a la carta», pero sobre todo brinda gratificaciones inmediatas y diferidas a base de automatismos y competiciones. El entorno, sin embargo, no deja de ser represivo. Lo que se reprime aquí es la autonomía y la soberanía, haciendo que el deseo esté profundamente modulado por todos los condicionamientos operantes de las infraestructuras y por sus protocolos tecnosociales. Sin tiempo, el deseo pasa a ser una acción compulsiva, pierde su elemento libidinal. Se trata, entonces, de un deseo exteriorizado, ejecutado automáticamente. Esta forma de opresión se replica en la estructura tecnoburocrática, una de las principales máquinas de represión del siglo XXI.

Tal como nos anunciaba Marcuse,[130] la historia del humano es la historia de su represión; el principio de realidad con su orientación pragmática invalida el principio de placer. Nos encontramos con que el principio de realidad se ha convertido en el nuevo principio de placer, una realidad, eso sí, «aumentada» por las herramientas de seguimiento y por las promesas de rendimiento y productividad de la esfera tecnosocial. Algunos influenciadores encarnan esta filosofía que defiende que el éxito de la vida pasa por el sacrificio corporal, por el entrenamiento diario en una versión cosmética radical del calvinismo del siglo XVII. Pero el placer no solo se concentra en el sacrificio, también se ha convertido en sinónimo de anestesia según la lógica cíclica del capitalismo: la anestesia previa al rendimiento creciente del trabajo, pero también la anestesia derivada del consumo ilimitado de productos digitales.

130. Herbert Marcuse, *Eros y civilización*, op. cit.

A la acumulación flexible se suma la rigidez estructural (fruto de las contradicciones que genera el mito de la abundancia y su exceso formal), la deflagración químicamente estancada del ánimo, la energía vampirizada, el aplazamiento indefinido del clímax, el impedimento de la posibilidad de descanso. Poner límites solo puede ser un gesto reparador que ayude a pasar de la gratificación inmediata y de la gratificación diferida a la gratificación ligera y perdurable, al bienestar que no aspira a ser comunicado o promocionado; una afectación positiva desde lo material e impersonal que permite al individuo volver a conectar con el mundo. También es importante ir de la gratificación individual a la colectiva, porque, siguiendo con Marcuse, es en lo colectivo donde las relaciones libidinales deberían poder desahogarse.

El capitalismo de plataforma neoliberal penaliza y se esfuerza por hacer desaparecer el placer de la comunicación, la aventura de comprender, el deseo indeterminado, la amistad sin recompensas, los espacios hospitalarios, el hecho de compartir sin dejar huella, las redes ciudadanas, las prácticas contraprotocolarias, las actividades colectivas y abiertas, la desviación táctica de los medios, el anonimato… Todos son elementos que forman parte de la historia de la tecnología digital conectada y sin los cuales los ecosistemas tecnosociales no habrían existido.

En el libro *Hannah Arendt: el mundo en juego*,[131] la filósofa Fina Birulés, en el capítulo «L'especificitat de la política», señala que Arendt distingue entre el contrato social y el contrato mutuo. Mientras que en el contrato social los miembros de la

---

131. Fina Birulés, *Hannah Arendt: el món en joc* (2023); *Hannah Arendt: el mundo en juego*. Madrid: Katz, 2024.

sociedad ceden su poder real al gobernador, el contrato mutuo entre los individuos se basa en la reciprocidad y la igualdad: «Esta alianza acumula la fuerza separada de los participantes y los vincula a una nueva estructura de poder en virtud de promesas libres y sinceras». De esta manera Arendt equipara la sociedad con la alianza. Quizá tendríamos que preguntarnos qué alianzas políticas, sociales y culturales se quieren crear y si estas aseguran, como pide la filósofa, la liberación del dominio, no solo la liberación de la necesidad. Si los protocolos manufacturan el consenso, las prácticas contraprotocolarias manufacturan el disenso, la indisposición del ser, el no propositivo. El disenso crea una posibilidad libidinal colectiva a través de la renuncia a provocar dolor en los demás; de impugnar aquello que amarga y desconsuela por consenso. A la vez, el mutualismo hace posible una manera de relacionarse donde son compatibles el deseo y la deuda –*nexum*– con los demás (humanos y no humanos). La represión neurocapitalista que vivimos no es solo individual, sino planetaria, bajo el epígrafe del necrocapitalismo. Las formas de liberación, por lo tanto, ponen en juego la deuda y el deseo a partes iguales, de lo contrario el deseo puede derivar en nuevas formas de alienación. Cuando Mark Fisher hablaba de los límites, no lo decía para añadir más capas de represión, sino para bloquear las maneras que tiene la máquina cultural de convertir la necesidad y el deseo en objeto de rendimiento y en agente clave en la cadena de destrucción material y vital.

■

Donde hay cuerpo hay dolor. El dolor es uno de los grandes elementos con los que cualquier modelo de sociedad tiene que dialogar. Las diferentes maneras de gestionar el dolor ponen en evidencia el tipo de contrato social que prevalece. La película *La Bête* (2024), de Bertrand Bonello, imagina un futuro inmediato en el que las IA son las que organizan la sociedad. Para encontrar buenos trabajos, las personas tienen que despojarse de sus emociones y llevar a cabo una depuración genética que permita desprogramar los traumas heredados de otras vidas pretéritas y liberarse de la represión como principio de realidad. Para tolerarlo, las IA antropomórficas hacen de asistentes y de personal de compañía, pero como parte del «protocolo». La liberación de la represión no pasa por la recuperación del deseo, sino por la gestión delegada del deseo y por el autocontrol: la estoica falta de pasión es lo que rige la sociedad que intenta evitar el dolor a partir de la inacción o el retraimiento de las emociones. El autocontrol nos lleva a la figura de los burócratas, pero también de los influenciadores y de los *coaches* de internet que predican nuevas formas de autoridad individual a través de la formación perpetua, la puntuación, el seguimiento o la evaluación, esto es, la competición consigo mismo. Esta figura incluso nos hace añorar al Narciso de Boris Groys y sus pretensiones artísticas y metafísicas. La bestia que amenaza a la protagonista de la película de Bonello, precisamente, no es ninguna entidad salvaje, es el indiferente autómata cognitivo, programático, el burócrata servil, aquel que acepta una sociedad basada en los protocolos y la eficiencia, y es capaz de limar su sistema nervioso y su conciencia para que la máquina integrada funcione. Hay una especie de atracción infantil en el hecho de relegar el placer a la confirmación del funcionalismo exacto de la máquina integrada, como el niño que observa el automatismo de algunos juguetes sin pausa. Sin embargo, el niño, como nos recordaba Baudelaire,[132] lo que quiere en realidad es encontrar el alma del juguete y, para hacerlo, tiene que cortar, desmontar y descubrir sus partes, para comprobar que no hay nada, solo el acto de desmontaje. La activación reincidente del mecanismo automático es solo el prólogo de lo que sucederá, la acción de hackeo y reconfiguración (*re-cut*) del propio juguete en el ansia metafísica que mueve a la criatura a ir más allá de lo que le es dado. Aterrar la vida nos obliga a un precioso y preciosista acto de corte, de desmontaje y remontaje, y esto también es una lección de Shelley que prevalece por encima del temor a perder poder ante el «otro», ante la criatura artificial. El creador y la criatura se entregan mutuamente, comparten deberes y deudas, el *nexum*.

Si el dolor desapareciera de nuestra vida –tal como pretende Elon Musk–, la idea de productividad se vería profundamente alterada. En *Crímenes del futuro* (2022), de David Cronenberg, las drogas ya no son necesarias porque, en el futuro indeterminado en el que se sitúa la acción, los cuerpos han dejado de sentir aflicción y la carne y sus órganos se han convertido en obras de arte (algunos individuos puede reproducirlos por sí mismos y la mayoría pueden sanarse sin necesidad de medicación). Cronenberg parte del hecho de que el cuerpo ha adquirido un nuevo significado como espacio performativo. El deseo se escapa de la representación y regresa junto a la producción y la actuación, como en muchas de las películas del cineasta canadiense. La película se basa en una premisa imposible: el dolor

---

132. Charles Baudelaire, *La morale du joujou*. París: Calmann-Lévy, 1885.

físico ha desaparecido y ha dejado el cuerpo vacío de significado, pero gracias a la cirugía plástica o a la capacidad de generar nuevos órganos se ha convertido en un nuevo espacio para la creación y el deseo sexual. Pasamos de la representación a la producción y a la reproducción biológica como espacio de deseo. El cuerpo se presenta como una caja negra penetrable, transitable, reinventable y la cirugía como el nuevo sexo. Viramos del «cuerpo sin órganos» (Deleuze-Guattari) a las máquinas deseosas, es decir, al cuerpo con hiperórganos que no se sabe para qué sirven y que son considerados objetos estéticos. Si Deleuze y Guattari pensaban que las sociedades modernas habían privatizado los órganos y habían llevado los flujos a dinámicas abstractas, aquí se trata de hacerlos públicos y libidinosos. Hay un momento en la película en el que se sabe que hay un «concurso de belleza interior», y un jurado se adentra en la oscuridad física del cuerpo para analizar la hermosura de estas nuevas creaciones de órganos. Incluso así, el cuerpo muestra sus limitaciones.[133] El cuerpo, en la obra de Cronenberg, hace conscientes a los espectadores de los límites para que puedan ser superados. Los tumores, la telepatía o la hipersensibilidad del cuerpo permiten que el sujeto alucine y desee. Según el crítico de cine Sergi Sánchez, el cuerpo sin órganos es un cuerpo sin organización, que se rebela contra el sistema normativo y sus instituciones de control y poder. El cuerpo con hiperórganos podría desempeñar una función similar. Sánchez subraya

---

133. El protagonista, que no digiere bien, necesita una máquina para comer, como la necesitaba Chaplin en *Tiempos modernos*, momento que Deleuze y Guattari analizan en *El Anti Edipo* como representación del obrero atrapado en la máquina.

que, contra la estructura de poder jerárquica y neurótica de Freud a partir del trauma, está el esquizoanálisis de Deleuze y Guattari como un conjunto de fuerzas no binarias que generan una identidad inestable, una incipiente teoría *queer*.

Si el personaje principal de *Cosmopolis* (2012), del mismo director, se dedicaba a adquirir información y convertirla en atrocidad y espanto, en *Crímenes del futuro* se da un retorno al cuerpo, como si pusiera a prueba el neoempirismo carnal que comenta Rosi Braidotti en su último libro.[134] El mismo año que se estrenaba la película de Cronenberg, Paul Preciado formula la idea de «somateca»,[135] una manera de entender el cuerpo vivo como el lugar de la acción política y del pensamiento filosófico, como un archivo político dinámico en el que se instituyen y destituyen formas de poder y soberanía: «Ahora, las máquinas blandas, cuerpos adictos en agencia con las tecnologías farmacológicas y cibernéticas, se alzan y gritan: el *cut-up* global está en marcha». El *cut-up* global, como el de las incisiones eróticas de la película de Cronenberg, como el de la criatura de Shelley.

Cronenberg ha seguido indagando en aquello que apuntaba Spinoza: «nadie sabe lo que puede un cuerpo». Lo emocionante de *Crímenes del futuro* es que, después de una pandemia mundial que ha acelerado las ficciones basadas en la crisis sanitaria en la que el cuerpo es una amenaza, el cineasta lo celebra como una liturgia terapéutica para un deseo incondicional: devuelve al cuerpo la confianza que habíamos perdido, desde la extrañeza y haciendo del arte un artefacto para el deseo. Si el COVID-19

---

134. Rosi Braidotti, *Posthuman Feminism* (2022); *Feminismo posthumano*. Barcelona: Gedisa, 2022.
135. Paul Preciado, *Dysphoria mundi*, op. cit.

nos convirtió en monstruos en potencia, Cronenberg lleva al límite la monstruosidad para darle espacio afirmativo, posibilidad y belleza. Si, según Preciado, el sujeto del «tecnopatriarcado ciberautoritario» que el COVID-19 fabrica no tiene piel, estas creaciones son, precisamente, un elogio a la piel y a la carne que la tensa y la desgarra.

La monstruosidad es el resultado de lo que Deleuze, en *Lógica del sentido*, diría que es el paso de «las alucinaciones de las profundidades a los fantasmas de la superficie». Y cuando la superficie revienta, salen los monstruos. La monstruosidad implica la animalización, el ser singular o ser otra cosa; es estar siempre al acecho ante la posibilidad del encuentro con el otro, es existir desde la diferencia, desde la desviación de la norma; una manera psicosomática de hacer inoperativos la competición, la métrica y los protocolos, de compartir espacio imaginario y acciones conjuntas con los fantasmas de la superficie, de dejar de temer las alucinaciones de las profundidades donde los auditores y los tiranos esperan, en vano, que se les devuelva el poder de controlar la máquina integrada. El monstruo es la antítesis del cuerpo-máquina y de la máquina que toma cuerpo dentro de nosotros. Sin este poder, lo que queda es el costillar del sistema a la vista, una red de infraestructuras y protocolos informáticos, de documentos y vertederos, de estancias vacías y trabajadores desprogramados, pálidos, con la mirada errática, que también esperan, como sus amos, alguna instrucción para poder seguir existiendo, operando.

.

AGRADECIMIENTOS

Los contenidos de este libro se han escrito entre diciembre de 2022 y diciembre de 2024. Algunos de los fragmentos de los capítulos se han gestado a partir de las siguientes conferencias: «El mundo como pantalla. Diálogo con Franco *Bifo* Berardi» (2019, CCCB, Barcelona), «La reconquista del mundo virtual: Soberanía» (IV Congreso de Soberanía Tecnológica, 2019, Barcelona), «El olvido de la tradición y la memoria digital de las imágenes» (2019, CaixaForum, Barcelona), «El liderazgo en el siglo xx» (2019, Butaca Casademont, Girona), «La alteridad de las máquinas: las contradicciones culturales de la revolución digital» (2020, Fundación Cañada Blanch, Valencia), «¿A quién pertenece mi amor? Tecnología móvil, algoritmos e imágenes en la era de los afectos» (2020, ciclo Fake Fiction(s), El Born, Barcelona), «Prometheus Unbound: The Myth of Abundance and the Imaginary of Disaster» (2020, Ars electrónica, Barcelona-Linz), «La nueva normalidad: ¿un concepto político de poder o una nueva manera de vivir?» (2020, Festival Vilapensa, Vilafranca del Penedès), «El mundo digital en la era covid-19», con Liliana Arroyo (2020, sesión CNJC, Bienal del Pensamiento, Barcelona), «La vida digital conectada en un mundo postcovid» (2020, Aula de Humanidades, Girona), «El nuevo discurso de la servidumbre voluntaria» (2020, Festival Decidimos,

Canódromo, Barcelona), «El protocolo o la modulación universal» (2020, UPEC, Barcelona), «Interfaces digitales y nuevos imaginarios culturales» (2020, CERC, Barcelona), «¿Quién nos mira? Sobre identificación, rendimiento y culpabilidad» (2021, CRIC-UB, Barcelona), «El espectador digital: inmersión, recolección y recreación» (2020, UNAM, México), «Tecnología y poder», diálogo con Marta Peirano y Esther Paniagua (2022, Feria del Libro de Frankfurt, Frankfurt), «Comunidad, tecnología y fragmentación en un mundo postcovid» (2022, debate «Cultura: versión 2050», Diputación de Barcelona, Barcelona), participación en el programa *Il·luminats* (2023, CCMA).

También incluye ideas trabajadas en textos como «La dona autómata» (*El món d'ahir*, 2017), «Algoritmes o la servitud voluntària» (*El món d'ahir*, 2019), «Hipercomunicació i incertesa» (*El món de demà*, 2020), «Les implicacions culturals del capitalisme de plataforma» (*Sobiranies.cat*, 2020), «El espectador ante las plataformas digitales en un mundo postcovid: mitos y realidades» (*Observatorio cultural*, Ministerio de Cultura, Chile, 2021), «El càsting com a recurs narratiu» (*Compàs d'Amalgama*, núm. 3, UB, 2021), «Ètica, intel·ligència artificial i ressurrecció digital» (*Anuari CIDOB*, Open Society Foundation, 2021), «Prometeo Kateetatik Aske» (*Zigi Zaga*, 2021), «La tecnologia i les incerteses inmediates» (Fundació Collserola, Arcàdia, 2022), «L'ecocidi i les seves imatges» (*El món d'ahir*, abril, 2023).

Agradezco a Toni y Montse la atención, los conocimientos y el oficio que han puesto en el libro. El diálogo con ellos siempre es muy importante. También agradezco a todos aquellos –familia, amigos y seres queridos– que han hecho posible que pueda pasar tantas horas concentrada ante un escritorio –siempre el mismo– ensamblando ideas y encontrando la manera de escribirlas.

ÍNDICE